爱上编程
CODING

Scratch
趣味编程动手玩
宇宙大冒险

码高少儿编程 编著

人民邮电出版社
北京

图书在版编目（CIP）数据

Scratch趣味编程动手玩 ： 宇宙大冒险+节日乐翻天 ：
全2册 / 码高少儿编程编著. -- 北京 ： 人民邮电出版社，
2019.8
（爱上编程）
ISBN 978-7-115-51427-1

Ⅰ．①S… Ⅱ．①码… Ⅲ．①程序设计－少儿读物
Ⅳ．①TP311.1-49

中国版本图书馆CIP数据核字(2019)第106183号

内 容 提 要

本套书由码高少儿编程项目组编著，教孩子循序渐进地学习 Scratch 编程知识。书中以小故事为背景，并设计了角色，用丰富的人设和故事把 Scratch 所要表达的计算思维展现出来。每节课还搭配线上教学视频和课件，帮助孩子形成提出问题、分析问题和解决问题的逻辑思维。本套书非常适合孩子阅读和使用。全书共 2 篇，此为第 1 篇，主题为"宇宙大冒险"。

◆ 编　　著　码高少儿编程
　　责任编辑　魏勇俊
　　责任印制　彭志环
◆ 人民邮电出版社出版发行　　北京市丰台区成寿寺路 11 号
　　邮编　100164　电子邮件　315@ptpress.com.cn
　　网址　http://www.ptpress.com.cn
　　雅迪云印（天津）科技有限公司印刷
◆ 开本：889×1194　1/20
　　印张：11　　　　　　　　　　2019 年 8 月第 1 版
　　字数：181 千字　　　　　　　2019 年 8 月天津第 1 次印刷

定价：89.00 元（全 2 册）

读者服务热线：(010)81055493　印装质量热线：(010)81055316
反盗版热线：(010)81055315
广告经营许可证：京东工商广登字 20170147 号

目录 Contents

第1篇

人物介绍

Jack老师，毕业于帝都皇家学院，学识渊博，才华横溢，拥有皇家学院院长亲自颁发的高级导师证书。由于他比较淡泊名利，一心只想研究创作，所以最终选择了在码高学院教书育人，为国家培养了一批又一批的优秀人才。

码小高，被地球人收养的智能机器人，目前就读小学三年级，活泼好问，品学兼优，从小就立志能够有一天到地球以外的星球闯荡出一片属于自己的天地，目前正跟着码高学院的Jack老师学习各种技能。

码大柱（别名：码高一号），M星球铁柱族的天才少年，有着许多患难之交的兄弟，因为自己的族人们经常被恶虎三人组压迫，所以和兄弟们一起反抗他们的统治，不过最终依然以失败告终，只好背井离乡，和兄弟们开始了四处逃亡的生活。

小码墩（别名：码高二号），码大柱从小玩到大的好朋友，地坷族人——这一族的人们虽然都比较矮小偏胖，但他们的头脑和四肢都很灵活——在儿时的一群伙伴中，经常能够出谋划策，想出许多好点子，同时也是一名计算机天才少年，不过比较害怕地球上的蟑螂。

霸天虎，恶虎三人组的老大，拥有恐怖邪恶的外表，经常被大人拿来吓唬自己的孩子，是M星球战争的罪魁祸首，性格阴险狡诈、诡计多端，凭借着自己力量强大，经常带领着手下欺负M星球的弱小群体。

晕二虎，霸天虎的远房表弟，从小力大无穷，可徒手击碎陨石，性格憨厚老实，胆小怕事，不过由于只听从霸天虎的命令，所以在M星球上也做了不少坏事，帮着霸天虎灭掉了M星球的铁掌卷毛羊一族。

笑面虎，霸天虎的左膀右臂，虎虎大军的军师，性格贪婪好财，喜欢收集各族的宝贝，被其消灭的种族往往被洗劫一空，寸草不留。

新手入门

1. 进入学习区

（1）打开浏览器，输入 www.magoedu.cn 进入我们的学习平台。为了搭配配套的视频和课件使用，本节采用的编程环境仍为 Scratch 2.0。

（2）单击右上角"学习平台"，最后通过手机微信扫描屏幕右方的二维码进行登录，就可以找到我们为大家准备的教学视频和课件了，读者可以直接在课件中进行操作。（请按照前勒口免费配套课程领取步骤操作，预留常用手机号，领取配套少儿编程课程。）

（3）在所有的课程中有以下几种情况：右上角写着"已完成"表示我们已经看完了的课程；写着"未完成"的表示该视频我们并没有观看，等待着我们去观看；而最后有一些写着"未解锁"的则表示班主任尚未开课。

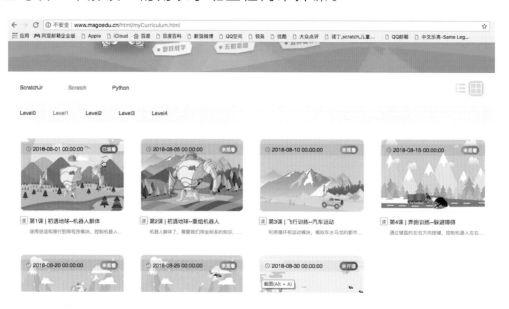

2. 初识 Scratch

（1）看完我们的课程之后，屏幕右下方有一个"我要交作业"按钮，单击此按钮，稍等片刻就可以进入 Scratch 的编程界面了。

（2）编程界面主要分为功能区域、角色选择区域、脚本编辑区域、舞台区域、角色区域、背景这几个主要区域。

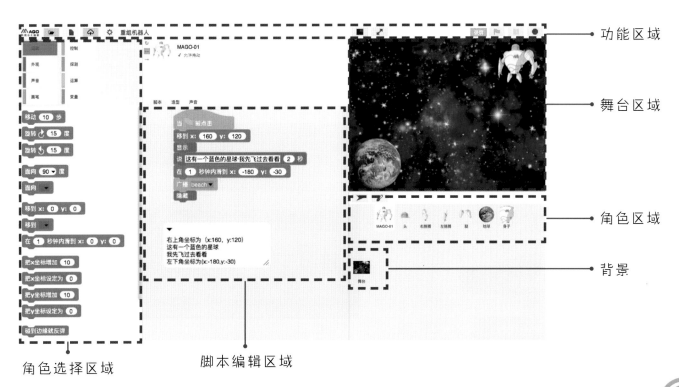

3．课后小作业

Jack老师会在每节课的结尾给大家留一些作业，下面黄色标签区域是作业的一些小提示，作业可以通过录屏的方式提交给老师。

4．如何录制和提交自己的作业

（1）在屏幕的右上方有一排按钮，我们需要先单击放大 ⬈ 按钮，再单击蓝色的"录屏"按钮，就可以开始录制自己的作业了。

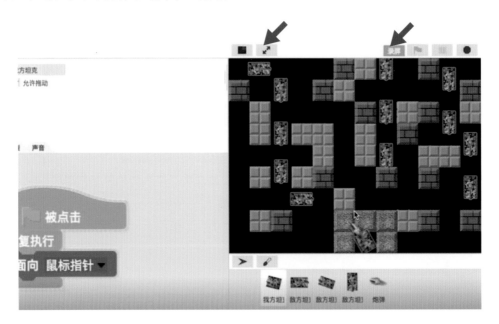

（2）录制完成后，可以给自己的作业命名，如果对自己录制的内容满意，就可以单击"录制成功"，单击"发布"按钮来上传自己的作业；如果不满意，想再重新录制一遍，那就单击"不满意，我要重做"按钮来重新录制一遍。

第 1 篇

引 言

公元3010年，地球科技飞速发展，能量即将枯竭。此时，一位奇异博士发现了一种编程的能量可以替换掉即将枯竭的电能和核能，他将不同的程序放入不同的模块中，并将所有模块分类，不同的模块组合到一起还会产生不同的能量。伴随着这一伟大的发现，这位博士也离奇失踪了。不过却留下了一个传说："只要能掌握所有模块的秘密，就能获得拯救世界的超能力"。于是，整个地球上掀起了一股探索模块秘密的风潮，各地的院校也开始增添模块研究课程，并组织学校顶尖人才研发模块能量。而有一所神奇的院校——码高学院，里面住着一群有趣的人，他们也在为解开模块的秘密而不断探索。

我们的主人公码小高就在这所学校里学习，不过最近他遇到了许多有趣的事情，让我们来看看是怎么回事吧。

在遥远的外太空，爆发了一场星河大战，大魔王带领无数部下肆意侵略。许多星球被战争波及，民不聊生，惨不忍睹。

就在这时，4位神秘的人物出现了，他们与敌人展开了激烈的斗争。

可惜敌众我寡，最终，4位英雄的能量也将消耗殆尽，为保存生命火种，他们只得四散离开。

其中有一位战士在不知不觉中漂到了太阳系，无意间看到了一颗蓝色的星球，心中大喜。然而……然而……在降落的时候……

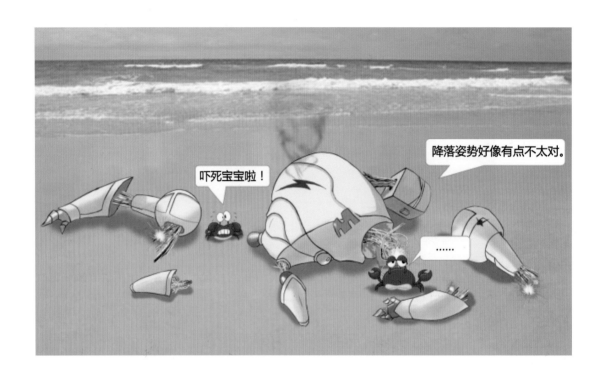

第1章 初遇地球

  前文中提到，M星的机器人在降落到地球的时候摔得四分五裂，本章我们要学习的内容就是制作一个短片，让机器人降落到地球后不幸解体，然后我们再把机器人重新组装起来。

◎ 打开Jack老师为大家准备的素材，机器人已经站在了地球之外，随时准备出发。

在舞台的下方一共有7个角色，它们分别是MAGO、头、右胳膊、左胳膊、腿、地球和身子。接下来我们要做的就是为它们各自编写程序，让它们动起来（如右图所示）。

右胳膊

✓ 允许拖动

◎ 分别点击每一个角色，你会发现在它们的脚本区会有一些已经编好的程序。这些都是Jack老师为大家做好的，大家不必理会，而且也不允许修改，否则可能会导致程序运行失败。这些程序在后边我们会做详细介绍（如左图所示）。

◉ 用鼠标单击舞台，在脚本区有两个已经写好的程序，然后点开"脚本"旁边的"背景"，在下方有两张不同的图片，它们是本章所做游戏的不同场景。

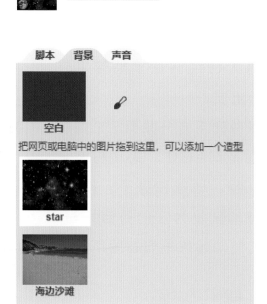

任务1: 四分五裂

◉ 通过演示视频我们看到，单击"开始"后，机器人会先移动到舞台的右上角，之后说了一段话，说完话之后他飞到了地球的上方，然后第一个场景就结束了。所以整体流程就清晰了，我们需要完成以下几个步骤：

◎ 单击角色"MAGO"，然后从最左边功能区的控制模块中找到 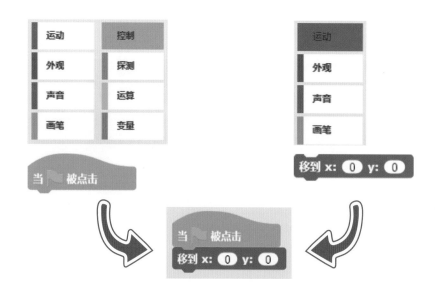，并拖曳到脚本区域，再从运动模块中找到 移到 x: 0 y: 0，放在 当 被点击 的下方。

◎ 手动输入坐标（x：160、y：120），然后单击右上角的 ▌试着运行一下吧。

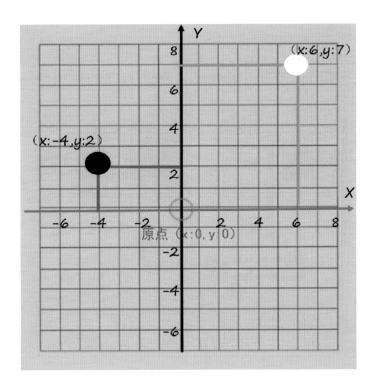

坐标：坐标轴就像一个棋盘，我们定义中间横线为 x 轴，中间竖线为 y 轴，x 轴与 y 轴的交点为原点，那么这一点的坐标就是（x：0，y：0）。x 轴以原点向右为正数、向左为负数，y 轴以原点向上为正数、向下为负数，那么图中白棋的位置我们可以看到，其坐标就是（x：6，y：7），黑棋的坐标为（x：-4，y：2）。游戏舞台也相当于一个棋盘，只是看不到这些网格。我们的机器人要移动到左上角，经过测试它的坐标正是（x：160，y：120）。

三、说话

◉ 从外观模块中找到 说 你好! 2 秒 ，将其放到刚才写好的程序块下方。

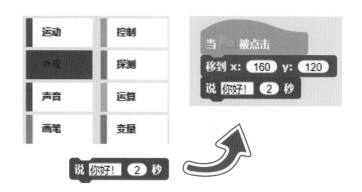

◉ 然后用鼠标选中脚本区中小纸条的"这有一个蓝色的星球 我先飞过去看看"这句话，按下键盘中的"Ctrl+C"组合键进行复制，然后再单击程序块中"你好!"文本框，将这几个字删除，清空文本框，接着按下键盘中的"Ctrl+V"组合键，把刚才复制的那段话粘贴过来。然后试着运行一下吧。

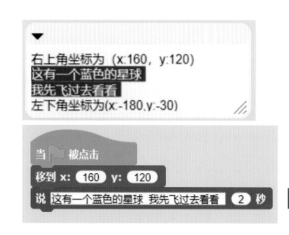

2 秒 意味着这句话显示的时间为2秒。

四、移到地球

◎ 从运动模块中找到 在 1 秒钟内滑到 x: 0 y: 0 ，将其放到之前程序下方，并将 x、y 坐标分别改为 -180、-30（这个坐标刚好可以让机器人移动到地球正上方）。

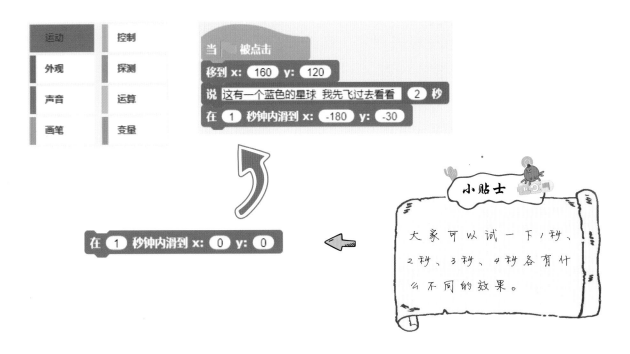

小贴士

大家可以试一下 1 秒、2 秒、3 秒、4 秒各有什么不同的效果。

◎ 从控制模块中找到 广播 放到程序块下方，选择"beach"消息，然后试着运行一下，看看会发生什么。

五、隐藏

⊙ 我们发现机器人飞到地球之后掉落到了沙滩上，接着出现了两个机器人，一个是完整的，另一个是分散的。前文中我们讲到的Jack老师为你们写好的程序，就在这里了。其实这个分散的机器人一直都存在着，只是被Jack老师隐藏了，只有当"MAGO"飞到地球上方且广播"beach"消息之后才会显示出来。但是，在第二个场景中我们只需要摔碎的机器人，所以我们要把"MAGO"隐藏。

六、结束

⊙ 在外观模块中找到 隐藏 ，放到 广播 beach 下边，然后运行一下看看效果如何。这一次大家发现我们的"MAGO"角色不见了，因为我们给了它"隐藏"命令，却没有给它"显示"命令。所以，我们还需要在外观模块中找到 显示 ，并将其放在 当 被点击 与 移到 x: 160 y: 120 之间，这样才能保证每次单击 时，"MAGO"能正常显示。然后再试着运行一下你的程序吧。

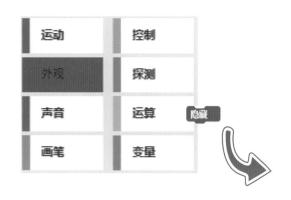

任务2：满血复活

◉ 通过演示视频我们看到，机器人会先说一段话，然后头部向下移动，接着右胳膊左移，左胳膊右移，腿上移，最后我们的机器人就组装成功了，所以我们需要完成以下几个步骤：

开始 → 躯干不动 → 头部下移 → 右臂左移 → 左臂右移 → 腿上移

◎ 选中"头部"角色，可以看到在"头部"的脚本区已经有两个写好的程序。

◎ 从外观模块中找到说你好! 2 秒 ，将其放到显示 下方。然后再复制一个说你好! 2 秒 放在下方。

◎ 然后从脚本区下方的纸条中复制两段话到"说"的文本框中。注意在文字中间要加空格，否则语言将显示不完全，当按下空格之后两个字之间会出现一个小圆点（如下图所示）。

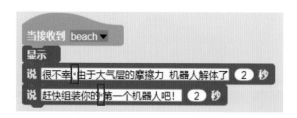

二、头部下移

◉ 当说完话之后从控制模块中找到 广播，放到说话模块下方，然后新建消息，取名为"组装"。

◉ 从运动模块中找到 把y坐标增加 10，放到 广播 组装 下方，然后将数值改为"-10"（头部要向下移，所以修改 y 坐标，而 y 坐标向上为正数，向下为负数，所以这里我们把数值改为 -10，从而实现头部下移的效果）。

三、右臂左移

◉ 当头部移动完成之后，身体其他部分开始移动，在这里我们从控制模块中选择 当接收到 放入脚本区，并选择"组装"消息。

◎ 为防止胳膊与头部同时组装，我们可以让胳膊比头部晚1秒进行组装，所以我们先从控制模块中选择 等待 1 秒 放在接收"组装"消息模块的下方，从运动模块中选择 把x坐标增加 10 ，将数值改为-30。

四、左臂右移

◎ 左臂右移与右臂左移的程序基本相同，将x坐标增加值改为25（-30是左移，那右移就是正数，这里我们取数值25），且等待时间为2秒（因为此处左臂组装要比右臂晚1秒，所以在这里我们写等待2秒）。

五、腿上移

◎ 腿上移与胳膊移动的程序也基本相同，将等待时间设置为3秒，这里腿是要向上移，所以要写成"把y坐标增加19"。

到这里为止，本章所有的程序都已编写完成。同学们自己动手编一下程序吧，记着将你们做好的作业进行提交哟！

扫码看视频

第2章 奔跑训练

　　我们的机器人组装好了，可惜的是他失忆了。丢失的记忆很难找回来，但是我们能不能把他丢失的能力找回来呢？我们在本章将要对机器人进行残酷的奔跑训练。

任务：奔跑训练

◎ 通过演示视频我们看到，单击 🏳 后，3辆小汽车会不停地向下驶过来，而我们的MAGO一号在向前奔跑的同时还要躲开这些汽车。从整个视频中我们总结出要完成以下几项任务：

开始 → 汽车移动 → MAGO奔跑 → MAGO左右移动 → 判断MAGO是否被汽车撞 → 结束

一、车辆下移

◎ 首先我们看到在舞台中有3辆汽车，那我们就要写3个汽车的程序，实际上3辆汽车的程序基本相似，所以写好一个之后，进行复制即可。

从控制模块中选择 [当 被点击]，再从外观模块中选择 [隐藏]
（3辆汽车不能同时出现，因为是在高速公路上，所以也不可以停留，因此在游戏时要先将3辆汽车隐藏）。

◎ 然后从运动模块中选择 [移到 x: 0 y: 0]，并将x值、y值分别设为150、180（汽车的初始位置）。在游戏开始之后，汽车将不断回到顶端，然后向下开，所以在此处我们为汽车设置一个初始位置。

◎ 再从控制模块中选择 [等待 1 秒]，并输入时间为5，接着从外观模块中选择 [显示]，将它们依次放到程序下方（如果没有等待，那么汽车将不停歇地从上向下行驶，这样我们的机器人将无法躲开汽车）。

◎ 接着在运动模块中选择 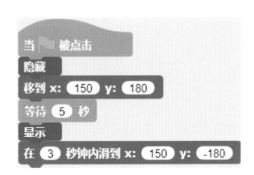 并设定时间为 3，x 值、y 值分别为 150、–180（汽车显示出来并从最上端行驶到最下端）。

当 ▶ 被点击
隐藏
移到 x: 150 y: 180
等待 5 秒
显示
在 3 秒钟内滑到 x: 150 y: -180

◎ 最后从控制模块中选择 重复执行 ，将 当 ▶ 被点击 下方所有程序套在循环之中。

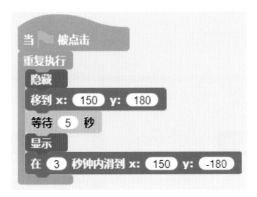

当 ▶ 被点击
重复执行
隐藏
移到 x: 150 y: 180
等待 5 秒
显示
在 3 秒钟内滑到 x: 150 y: -180

◎ 第一辆汽车的编程已经完成，我们将这一段程序复制到第二辆车中，然后对其数值进行修改即可（见图 1）：

　　1. 移到（x：150、y：180）改为（x：–150、y：180）（使两辆汽车出现在不同的车道之上）。

　　2. 等待 5 秒改为等待 2 秒（该车道上车的数量比其他车道要多）。

3.在3秒内改为1秒内（从上方行驶到下方，同样的距离，只用1秒，让该车道的车行驶更快）。

4.滑到（x：150、y：-180）改为滑到（x：-150、y：-180）（让汽车直上直下行驶，如果不改，那么汽车就会从此车道跑到其他车道上）。

◉ 前两辆汽车的编程已经完成，我们将程序再次复制到第三辆车中，然后对其数值进行修改（见图2）：

1.移到（x：150、y：180）改为（x：0、y：180）（第三辆车将出现在中间车道，前两辆车分别在左右两车道）。

2.等待5秒改为等待7秒（该车道上车的数量比其他车道要少）。

3.滑到（x：150、y：-180）改为滑到（x：0、y：-180）（让汽车直上直下行驶，与第二辆汽车相同）。

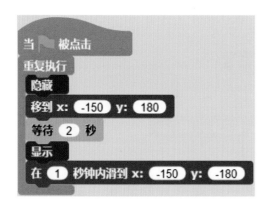

图1　　　　　　　　　　　　　图2

循环是什么意思呢？就是让一个人或一个事物去做某件事，完成这件事之后再重复做这件事，这就是简单意义上的循环。比如钟表，它的秒针从12点开始旋转，转完一圈（一分钟）后，会不停地重复一分钟的旋转，这个不断重复一分钟旋转的过程，就是循环的概念。我们为汽车的编程模块加一个循环，同样也是为了让汽车从上方行驶到下方，然后再回到上方继续向下行驶，不断重复。

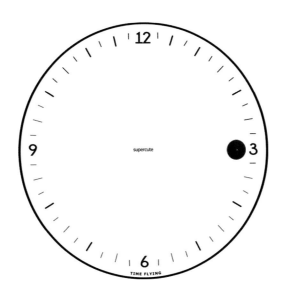

二、MAGO奔跑

◉ 如果我们的机器人向前奔跑，很快就跑到画面以外了。那应该怎么办呢？在这里我们用到了相对运动的知识。相信很多小朋友都有过这样的经历，在车里看外面的树，就感觉是树在往后跑。其实树是不动的，只不过，我们坐在车里，以汽车为参考系去看树，树就是在向后移动。

◉ 同样的道理，如果让马路中的指示线动起来，然后再以指示线作为参考系，那么我们就会产生机器人正在往前跑的视觉效果。

◎ 在控制模块中选择，然后在运动模块 移到 x: 0 y: 0 中输入x值、y值分别为0、180，接着在运动模块 在 1 秒钟内滑到 x: 0 y: 0 中输入时间为1秒，x值、y值分别为0、-180，来实现指示线从舞台上方移动到下方。最后在控制模块中选择重复执行模块，将两个运动模块包在其中，从而让指示线不断地执行从上方移到下方的动作。

三、左右移动

◎ 当游戏开始时，机器人先回到初始位置，所以先从控制模块中选择 当 被点击 ，然后从运动模块中选择 移到 x: 0 y: 0 ，并输入x值、y值分别为0、-100。

◎ 本游戏通过按键盘上的左右键来控制机器人左右移动，所以要先从控制模块中选择 当按下 空格 键 ，并将"空格"改为"←"，然后再从运动模块中选择 把x坐标增加 10 ，并输入数值-160（当按一下左键时，机器人向左移动160个单位）。同理，把另一个 当按下 空格 键 的"空格"改为"→"，并输入数值160，这样，单击右键机器人就会向右移动160个单位。

四、进行判断

◉ 在Scratch中只要是判断两个角色是否相撞，我们都会使用侦测模块中的  。

◉ 先在控制模块中选择 ，然后将 放到 中的六边形槽，并选择 "car-1"。

◉ 然后在控制模块中选择 并选择 "全部"，然后放到 中间（如果机器人碰到 "car-1"，那么将停止全部程序）。

◉ 接下来复制两个相同的程序，只需将其 分别改为 "car-2" 与 "car-3"，然后在3个程序之外套一个 （无论机器人撞到哪一辆汽车都会终止游戏），详图见第33页。

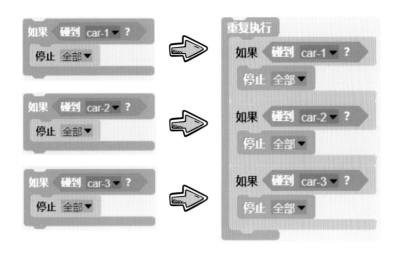

五、结束

◎ 最后将整个程序放到之前写好的 移到 x: 0 y: -100 之下，详图见第34页。

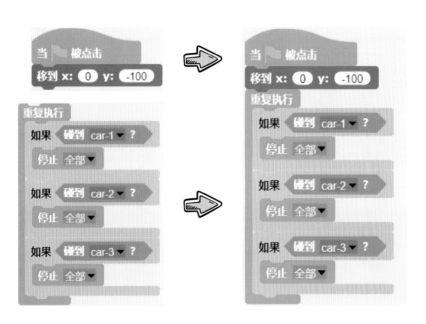

到这里为止，本章所有的程序都已编写完成。同学们自己动手编一下程序吧，记着将你们做好的作业进行提交哟！

扫码看视频

第3章 飞行训练

　　经过艰苦的训练，MAGO一号已经成功激活自己奔跑和躲避障碍的能力，即使在繁华的街道高速奔跑也不会撞车。于是码小高想测试一下他的飞行能力，把他放在环境复杂的山洞里。MAGO一号只有不断地激活自己的喷气装置才能上升飞行，不然就会向下坠落并坠毁解体。MAGO一号能否成功激活并控制自己的飞行能力呢？让我们拭目以待吧。

任务：穿越溶洞

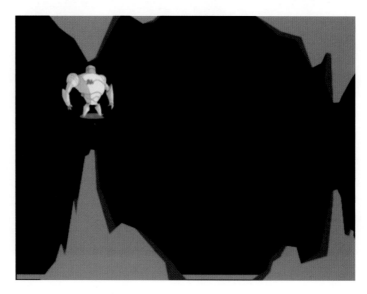

◎ 通过演示视频我们看到，单击 🚩 后，我们的机器人会不断向前飞行，但是必须要躲避山洞中的岩石屏障。从整个视频中我们总结出要完成以下几项任务：

一、山体左移

◎ 第2章我们学过相对运动，知道路面标记线向下移就会产生机器人向前跑的视觉效果。本章中机器人向右飞所用到的原理也相同，机器人不动，只需要山洞向左移就可以实现机器人向右飞的效果。

◎ 大家在打开的游戏文件中发现，一共有3个山的角色，首先我们先编写第一座山。

当🏳被单击，"山1"移到（x：319、y：0）的位置（最右边），先隐藏，等待0秒再显示（其实相当于一直处于显示状态，这里为了与"山2""山3"同时理解，所以此段程序先隐藏再显示）。

◎ 然后添加模块 `在 1 秒钟内滑到 x: 0 y: 0`，并输入时间为3秒，x值、y值分别为-150、0。这样山体就可以在3秒内从最右边移到最左边。

◎ 将 `当🏳被点击` 以下的所有模块进行复制，并在最外面套一个 `重复执行`（让山1不断地重复执行此命令）。注意此处一定要把等待的0秒改为4秒，目的是为了让两个模块拉开距离后再以相同的速度运行。

◎ 然后将这一段程序放到开始写的那一段程序之下，让"山1"先运行第一段程序，然后重复执行第二段程序。

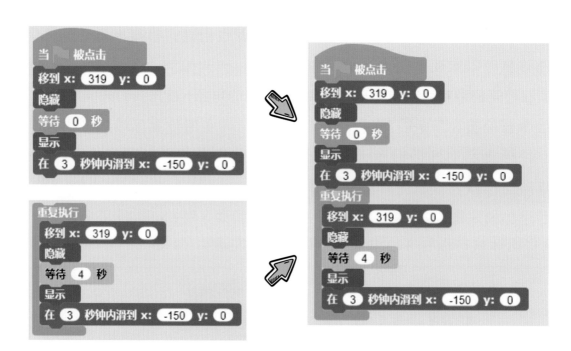

◎ "山1"的程序编好之后，我们来编写"山2"和"山3"的程序。直接将"山1"的程序复制过来，然后在第一段程序中将等待时间分别改为3秒和5秒即可（3座山虽然在相同时间间隔内移到最右边，但是显示的时间相隔2秒，保证了3座山可以在不同时间有规律地从右向左移动），详图见第39页。

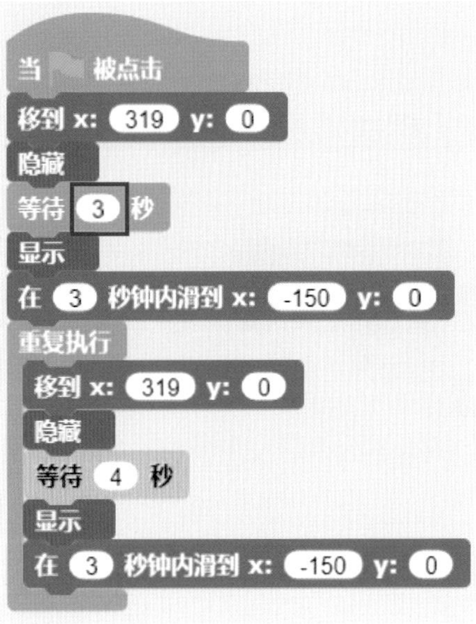
当 被点击
移到 x: 319 y: 0
隐藏
等待 3 秒
显示
在 3 秒钟内滑到 x: -150 y: 0
重复执行
移到 x: 319 y: 0
隐藏
等待 4 秒
显示
在 3 秒钟内滑到 x: -150 y: 0

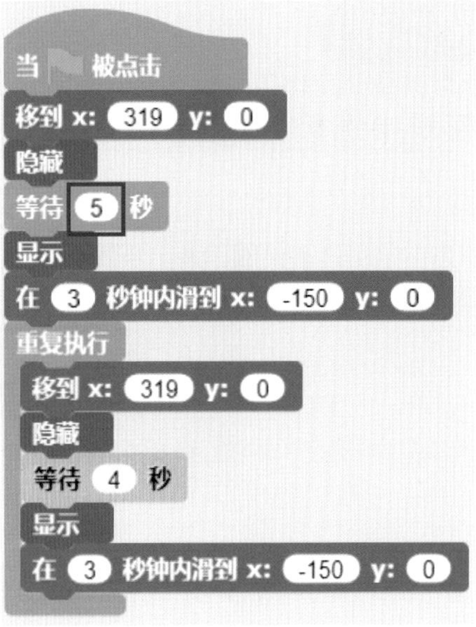
当 被点击
移到 x: 319 y: 0
隐藏
等待 5 秒
显示
在 3 秒钟内滑到 x: -150 y: 0
重复执行
移到 x: 319 y: 0
隐藏
等待 4 秒
显示
在 3 秒钟内滑到 x: -150 y: 0

二、MAGO下落

◎ 从演示视频中我们可以看到机器人有两种造型，机器人下降时是不喷火造型，机器人上升时则是喷火造型，我们先做机器人下降的程序。

◎ 当被单击时，机器人移动到他的初始位置（x：-131、y：10）。然后机器人会切换到造型“WechatIMA43”（不喷火造型）并且把y坐标增加-5（机器人下降5个单位），不断重复执行（一直下降）。

当 被点击
移到 x: -131 y: 10
重复执行
换成 WechatIMA43 造型
把y坐标增加 -5

◉ 从控制模块中选择 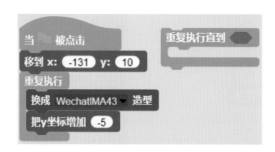 ，我们利用这一模块对机器人进行控制，让它上升。

◉ 将切换造型以及下降模块都放到 [重复执行直到] 中。

◉ 从侦测模块中选择 <按下了 空格▾ 键?> 并选择"↑"键，放入 [重复执行直到] 的槽中（重复执行切换成不喷火造型，且一直下降，直到按下了"↑"键才会停止这一模块，执行下一段编程），见上图。

◉ 最后我们对切换造型和下降两个模块进行复制，然后把它们放到 [重复执行直到] 下方，并且要注意此处将造型改为"WeachatIMA44"（喷火造型）并把y坐标增加改为5（如果没有任何操作，那么机器人将切换为不喷火造型，且一直下降，直到按下"↑"键，机器人才会跳出此循环，切换为喷火造型且一直上升，如此重复执行）。

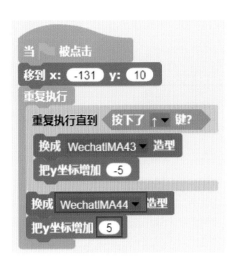

◎ 山体的颜色与地面的颜色都是橘黄色，如果机器人碰到橘黄色，那么就认定机器人被撞，也就意味着游戏失败。

◎ 所以我们选择 ，从控制模块中选择 ，然后再从侦测模块中选择 碰到颜色 ■ ？ 放在 的槽中，此时单击此处的颜色，鼠标会成为吸管状，用吸管单击舞台中的山石，那么这里的颜色就变为了山体的颜色，如果机器人碰到该颜色，就会停止全部程序，游戏失败，详图见第42页。

课后提示

到这里为止，本章所有的程序都已编写完成。同学们自己动手编一下程序吧，记着将你们做好的作业进行提交哟！

扫码看视频

第4章 遭遇战

　　MAGO一号经过无数次的解体重组，在码小高的督促和鼓励下，终于能自由控制飞行了。当两人在为这一成果进行庆祝时，M星的邪恶势力追了上来。由于邪恶势力有3人，人多势众，码小高请求码高学院的码博士出面，把MAGO一号携带的武器发射装置进行了改装，将它的射速调高了，于是码小高带领着MAGO一号与邪恶势力展开了一场生死未卜的战争。谁才是战争的胜利者呢？让我们拭目以待吧！

⊙ 通过演示视频我们看到，单击▶后，我们的机器人会不断发射子弹，我们可以上下移动机器人来攻击和消灭不同的敌人。从整个视频中我们总结出要完成以下几项任务：

一、MAGO上下移动

◎ 第3章我们学习到，上下移动所需要的是y坐标的增减，所以在这里我们先使用两个 当按下 空格▼ 键 ，分别选"↑"和"↓"，然后在每个模块下方加一个 把y坐标增加 10 ，分别对应10和−10。注意向上移动是正数，向下移动是负数。

二、子弹跟随发射

◎ 通过演示视频我们可以发现，炮弹（我方子弹）是一直从"MAGO-01"身上发射而出，所以在此处我们要使用运动模块中的 移到▼ 。首先当▶被点击，子弹先隐藏，然后使用模块 移到▼ ，并选择"MAGO-01"（使子弹移到我们机器人身上），等待0.2秒后显示（炮弹准备发射）。

◎ 接着从控制模块中找到 克隆一个▼ ，并选择"自己"。

课间小知识

克隆，就是将目标进行复制，目标为本体，而克隆出来的新目标为克隆体。在scratch中，克隆体也可以进行编程。

本体

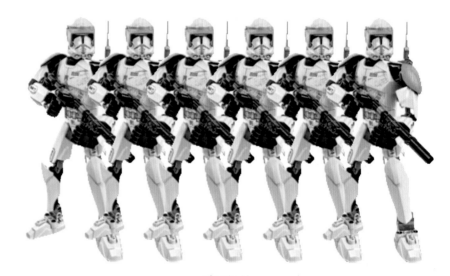

克隆体

◉ 然后将 克隆一个 自己▼ 放在 显示 下方，并给整个程序加一个 重复执行 （不论"MAGO-01"移到什么位置子弹都会紧紧跟随，每隔0.2秒后克隆一个自己）。

◉ 在控制模块中找到  ，也就是要给那些被克隆
出来的克隆体进行编程。

◉ 添加模块 把x坐标增加 10 （炮弹被克隆出来之后，就会向右移动10个单位），从探
测模块中选择 碰到 ▼ ? ，选择"边缘"，并放到 如果 的槽中，然后从控制模块
中选择 删除这个克隆 放在 如果 中间（当该克隆体碰到边缘，也就是舞台的四周，
那么该克隆体会被删除）。

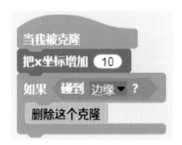

◉ 接着将 如果 碰到 边缘 ▼ ? 进行复制，注意要将碰到的对象改为"子弹"（敌人的子
弹），然后在整个程序外加一个 重复执行 （当炮弹被克隆之后，该克隆体会一直向
右移动，当它碰到四边或是敌方子弹的时候，则该克隆体被删除，否则将会克
隆出无数个目标）。

炮弹（我方子弹）的编程已完成，接下来我们编写敌方子弹的程序。

◎ 首先，当 🏴 被点击时进行隐藏，然后移到（x：135、y：0）位置。其实并非移到这个地方，从视频中可以看到，三个敌人都会发射子弹，而我们的子弹却只有一个角色，那我们该如何去应对呢？通过使用"随机"编程知识，就可以解决这一问题了。

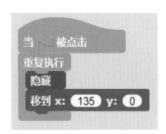

◎ 在运算模块中找到 ⬭×⬭ ，并在乘号后边填上数字120，然后再找到 在 1 到 10 间随机选一个数 ，并填入 –1 与 1 两个数。

◎ 然后我们可以把 在 -1 到 1 间随机选一个数 放在 ⬭×120 的前边凹槽里（这一句的编程就是在 –1、0、1这三个数之间由计算机随机选择一个数，然后乘以120）。

在 -1 到 1 间随机选一个数 × 120

◎ 把这一段写好的程序放在我们刚才 移到 x: 135 y: 0 的y坐标位置，那么子弹要移动的坐标的x坐标是135，y坐标是120、0、–120这三个数之间随机选择的一个（子弹就会随机出现在三个反派敌人身上）。

◎ 接下来的程序与"炮弹"程序基本相同，只是等待时间从0.2秒改为1秒，然后显示并克隆一个自己，重复执行此程序。

◎ 最后将"炮弹"中"当我被克隆"的整个程序全部复制到"子弹"的脚本区，将"把x坐标增加10"中的数值改为-10，且把第二个"碰到'子弹'"改为"碰到'炮弹'"（子弹将会不断地从反派身上向左发射）。

三、敌人不断射击

◎ 在这之前，我们需要先做一个敌人的血量槽。从演示视频中可以看到，在场景左上角有一个血量，只要我们的机器人打中反派人物，反派人物血量就会减少，所以我们先把它制作出来。选择变量模块，找到"新建一个变量"并单击，然后弹出一个变量名的对话框，进行重命名，选择"给所有角色用"，然后点"确定"。

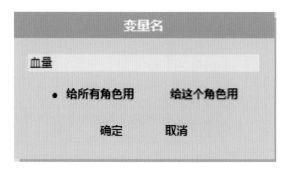

◎ 此时你会看到舞台左上角会出现一个血量的方块。

◎ 接下来开始给反派们编程吧。

◎ 首先当 ▶ 被点击，角色显示，并说一句话"别跑，总算抓到你了"，时间为 2 秒。

◎ 然后从变量模块中找到 ，放在"说话"下方，选择"血量"并输入
2000（当游戏开始之后敌人的血量是2000）。

◎ 使用 <碰到 ▼ ?>，并选择"炮弹"，将其放入 如果 槽中。如果碰到炮弹则隐
藏，等待0.2秒之后再显示（模拟敌人中弹后闪烁效果）。

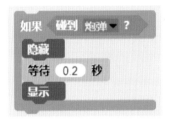

◎ 从变量模块中找到 把 ▼ 增加 1，选择"血量"并输入–1，并将其放在"显示"
下方（每次敌人被击中之后血量都会减1）。

◎ 从运算模块中选择，再从变量模块中选择新建的血量，并将其放在 = 的前一个凹槽里面，后面手动输入0。如果血量减少为0时，停止全部程序。

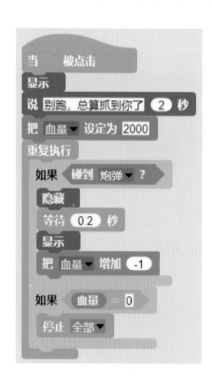

◎ 最后将几个写好的程序块放在一起，并且在两个如果外，套一个重复执行（敌人数量众多，要重复打击，将其血量减到0才能获得此次遭遇战的胜利）。

◎ 我们已经写好一个反派敌人的程序，接下来再写其他两个敌人的，只需将第一个反派的程序复制到另外两个敌人脚本区分别修改一下即可。

"反派2"说"让你尝尝我的厉害"

"反派3"说"哎呀！千万别打我头"

注意：因为"反派1"的编程中有了血量设定与停止程序，所以在"反派2"和"反派3"的编程中我们可以将 把 血量▼ 设定为 2000 和"如果'血量=0'"模块删除。

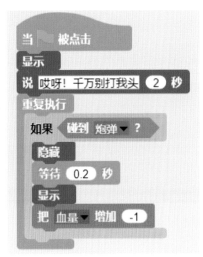

课后提示

到这里为止，本章所有的程序都已编写完成。同学们自己动手编一下程序吧，记着将你们做好的作业进行提交哟！

扫码看视频

第5章　密室逃脱

　　虽然码小高和MAGO一号进行了艰苦卓绝的战斗，但是最后还是寡不敌众，被邪恶势力擒获，关进一间密室里。密室里只有一台没有联网的计算机、一张旧日历、一个电脑桌、一个小桌子和一个牢不可破的大门。码小高不愧为码高学院的优等生，他凭借着自己敏锐的观察力和严密的逻辑推理能力，层层剥茧，终于找到了打开大门的密码。打开大门后，他们能否顺利逃生？外面会不会有敌人重兵埋伏呢？

任务：编程密室

◉ 通过演示视频我们看到，单击 🚩 后，首先在日历上找到线索，再解密桌子，然后解密计算机，最后解密门。从整个视频中我们总结出要完成以下几项任务：

开始 → 日历编程 → 解密桌子 → 解密计算机 → 解密门 → 结束

◉ 从控制模块中找到 当 点击▼ 我 放入脚本区，并选择"单击"作为程序的开始。然后从外观模块中选择 移至最上层（为防止被其他角色挡到）。接着从外观模块中选择 把角色的大小增加 10 并填入"50"（当单击日历的时候日历放大，让大家可以更清楚地看到日历上的数字），然后等待2秒，之后再从外观模块中选择 把角色的大小增加 10 并填入"-50"（让日历放大2秒之后再恢复到初始大小）。

◉ 从控制模块中找到 当 点击▼ 我，并选择"单击"作为程序的开始，然后从探测模块中选择 询问 你的名字? 并等待，并从下方小纸条中复制粘贴"请输入密码"（当我们单击桌子的时候，桌子提示"请输入密码"，然后等待输入）。

◎ 我们从控制模块中选择  放在"询问"下方，并从运算模块中选择 ◁▭=▭▷ 放入 槽，并在"="后面输入"11323"，再从探测模块中找到"回答"模块放在 ◁▭=▭▷ "="前面槽中（如果密码输入的是"11323"会执行"如果"下方的程序，如果输入的是其他内容，则会执行"否则"下面的程序）。

◎ 在"如果"下方，我们从外观模块中使用4个 说 你好! 2 秒，并根据下方小纸条将文字复制粘贴其中，"否则"下方同样使用2个 说 你好! 2 秒（如果密码输入正确，那么桌子就会给出下个谜题提示："密码正确""有个倒放着的电视""上面显示着一串数字""8912"；如果密码输入错误，那桌子也会给出相应的反应"密码错误""请重新输入"）。

三、解密计算机

◎ 在最开始的时候，当 ▶ 被单击，计算机会说五句话，用时均是1秒。

◎ 因为计算机与桌子都需要密码来开启，所以基本编程相同，只是密码以及部分程序不一样。

首先选择控制模块中的 当点击▼我，再选择探测模块中的 询问 你的名字? 并等待 并输入"请输入密码"，然后选择运算模块中的 ◁ ▯ = ▯ ，并将探测模块中的 回答 放入"="前方，"="后方输入"5168"（通过摆正电视机而得到正确密码）。

◎ 与桌子编程相似，当密码输入正确时，说"密码正确，请开门"，然后从控制模块中找到 广播 ▼，新建消息并命名为"数字迷"；如果密码错误，则提示"密码错误""请重新输入"（计算机的密码输入正确之后会出现一个数字谜题，为下一步解密提供线索）。

◎ 当 🚩 被点击，门换为"关闭的门"造型。

◎ 门与计算机、桌子的编程相似，都是通过询问与回答，来判断角色执行哪一条命令。

当单击门时，门会询问"请输入密码 ☆△○"。当输入的密码正确时，门换为下一个造型（门打开，成功逃脱密室）；如果密码输入错误，则会提示"密码错误""请重新输入"。

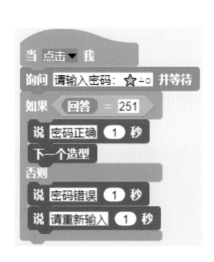

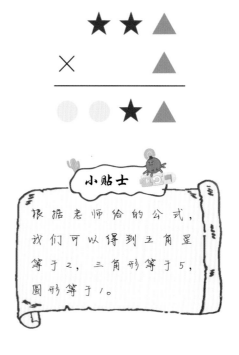

小贴士

根据老师给的公式，我们可以得到五角星等于2，三角形等于5，圆形等于1。

到这里为止，本章所有的程序都已编写完成。同学们自己动手编一下程序吧，记着将你们做好的作业进行提交哟！

扫码看视频

第6章　大逃亡

　　码小高顺利打开了大门，但是在出来以后，他们被一个邪恶势力的守卫发现，不得已他带着已经伤痕累累的MAGO一号只能进行大逃亡，可是他们并不知道正确的逃亡路线。这时候码小高的电话手表响了，一个匿名人发来消息，告诉他们，有人会空投一些发光的宝石作为路标，按照宝石的路线逃生就能顺利逃出去。一场猫捉老鼠的游戏开始了，可惜我们在游戏里不是猫。码小高能否带领MAGO一号成功摆脱敌人的追杀呢？摆脱以后，他们又该何去何从呢？

任务：相互追击

◎ 通过演示视频我们看到，当单击机器人时，机器人会一直跟着鼠标移动，每次碰到红色宝石，宝石的位置就会随机刷新，并且分数增加1。邪恶势力会一直向"MAGO-01"移动，而且速度会越来越快。从整个视频中我们总结出要完成以下几项任务：

开始 → 跟随鼠标移动 → 宝石随机出现 → 增加分数 → 被追踪 → 结束

一、跟随鼠标移动

◎ 当 🏴 被点击时，机器人移到（x：-150、y：150）（每次开始时机器人先回到初始位置）。

◎ 首先从运动模块中找到 面向 和 移到 ，都选择"鼠标指针"（当单击机器人之后，机器人就会一直跟随着鼠标移动）。

◎ 如果在移动过程中碰到了"恶势力01"，则游戏结束。所以在此处需要从控制模块中使用 如果，再从探测模块中找到 碰到 ▼ ？ ，并选择"恶势力01"放入 如果 的槽中，然后再从控制模块中使用 停止 全部 ▼ 。

◎ 最后将  整个放到  中，并位于  （鼠标）上方。

二、宝石随机出现

◎ 当 🏳 被点击时，从运动模块中选择 [移到 随机 位置] ，便可以实现宝石在随机位置出现。

三、增加分数

◎ 首先在变量模块中新建一个变量，命名为"分数"并选择"给所有角色用"。此时舞台左上角会出现"分数"小模块。

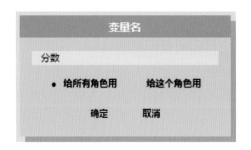

◎ 在变量模块中找到  放到 **移到 随机 位置** 上方并编写为"分数设定为0"。这样便可以保证每次单击▶时分数都从0开始计算。

◎ 从控制模块中选择 **如果**，再从探测模块中使用 **碰到 ▼ ?**，选择"MAGO-01"，放入到 **如果** 槽中。然后从变量模块中使用 **把 ▼ 增加 1**，放入 **如果** 中，并编程 **把 ▼ 增加 1**，再从运动模块中选择"移到随机位置"，最后在外面加一个 **重复执行**。每次宝石碰到"MAGO-01"之后都会加1分，并且移到随机位置。

◎ 当得分超过65的时候游戏结束。所以在这里我们依然使用 **如果**，从运算模块中找到 **◁ = ▷**，将变量中的 **分数** 放到">"号前面，然后在">"后面写入65，接着在控制模块中使用 **广播 ▼** 放到 **如果** 中，并且新建消息"胜利"，最后把 **停止 全部 ▼** 放于 **广播 胜利** 之下。

◉ 最后将写好的三段程序进行组合，一定要注意，第三段程序要放到第二段程序"重复执行"之中，且放在"如果（碰到）"模块下方。

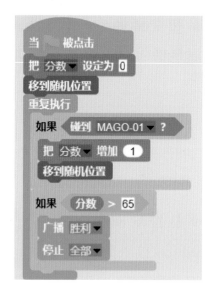

四、被追踪

◉ 首先在变量模块中新增一个变量，并命名为"速度时间"。此时我们看到在变量这一模块中有两个变量，一个是"分数"，一个是"速度时间"。因为"速度时间"只是控制敌人的移动速度，我们并不需要将它显示，所以在这里要把"速度时间"这个变量前方的对钩去掉。

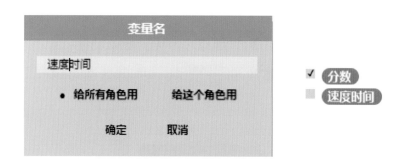

◎ 当 🚩 被点击时，首先在变量模块中使用 把▼设定为0，并选择"速度时间"，设定为3。让敌人的初始移动速度为3，然后再将敌人移到指定坐标。

◎ 等待0.5秒之后，再从变量模块中使用 把▼增加1，并编写为"把速度时间增加−0.1"，然后从运动模块中选择 面向▼ 并选择"MAGO-01"，最后在整个程序外加一个 重复执行。意为每隔0.5秒，敌人的速度时间会减少0.1，并面向"MAGO-01"。

◎ 从运动模块中选择 在1秒钟内滑到 x: 0 y: 0，将变量"速度时间"模块放在"在"后面，然后再从探测模块中使用两个 取 造型编号▼ 于 ▼ 分别放在"x"与"y"后边，并分别选择"取（x坐标）于（MAGO-01）""取（y坐标）于（MAGO-01）"。意为在"速度时间"内敌人滑行到"MAGO-01"处。

在 速度时间 秒钟内滑到 x: 取 x坐标▼ 于 MAGO-01▼ y: 取 y坐标▼ 于 MAGO-01▼

◉ 然后将写好的程序块放到之前写好的程序块中，注意要放到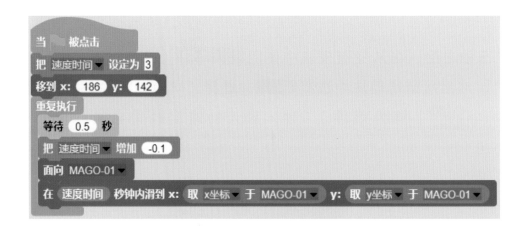重复执行之内。前文中我们讲到，滑行所需时间越短，滑行的速度就会越快，而这里的滑行时间就是变量"速度时间"。因为"速度时间"每隔0.5秒便会减少0.1，所以敌人靠近"MAGO-01"的速度就会每隔0.5秒有所提高，也就是说敌人追击"MAGO-01"的速度会越来越快。

课后提示

到这里为止，本章所有的程序都已编写完成。同学们自己动手编一下程序吧，记着将你们做好的作业进行提交哟！

扫码看视频

第7章 迷宫挑战

码小高和MAGO一号在摆脱敌人的追杀后，发现自己并不在地球上，原来是在M星球上。MAGO一号看到自己的故乡，突然感到一阵头疼，总觉得有什么东西被遗忘了，却怎么也想不起来。这时候码小高安慰了MAGO一号几句话，告诉他实在想不起来的话，就不要勉强自己。码小高想去寻找一艘宇宙飞船，飞回地球。这时，码小高的电话手表突然又发来消息，告诉他们在某个地方有一艘宇宙飞船，只不过这艘飞船没有了能源，他们需要寻找一种特殊的晶石能源，而这个晶石能源在一个复杂的迷宫里。这时他们两个进行了激烈的争论，万一进去出不来怎么办？可是不进去又怎么能拿到能源，从而离开M星呢？最终他们决定进迷宫寻找这最后的生机。他们能否顺利拿到晶石？在迷宫里他们又会碰到哪些危险？拿到晶石以后，他们能否顺利启动宇宙飞船呢？

任务：建立迷宫

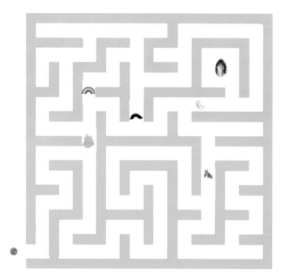

◉ 通过演示视频我们看到，当按下键盘的上、下、左、右方向键，我们的小红点就会做出相应的移动动作，而且它只能沿着迷宫前进，不能碰到墙壁。如果碰到小怪物，会出现不同的惩罚效果，如果走到水晶门，那么游戏胜利。从整个视频中我们总结出要完成以下几项任务：

一、控制角色移动

◉ 我们的机器人"MAGO-01"可以向上、下、左、右四个方向移动，所以我们要用四个不同的按键来控制，在这里，我们使用"↑""↓""←""→"这四个键分别控制他的上、下、左、右移动。相信大家都还记得，向上移是 x 坐标不变、y 坐标增加，向下移是 x 坐标不变、y 坐标减少，向左移是 y 坐标不变、x 坐标减少，向右移是 y 坐标不变、x 坐标增加。当按下按键时，我们要写出相应的坐标增减。在这里，为了更好地保证游戏效果，我们只增加或减少 8 个单位。然后使用"如果"模块，如果碰到蓝色（迷宫墙壁），机器人就会返回 8 个单位，也就是当机器人向上移动 8 个单位碰到了墙，那它会马上自动向下移动 8 个单位，让机器人无法穿墙而过。因此这里我们的程序要这样写（见下图）。

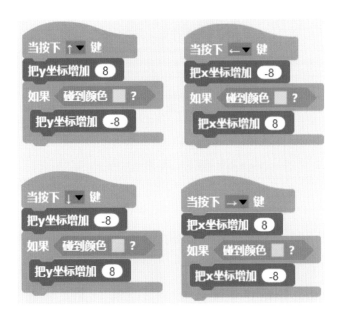

二、小怪原地运动

大家可以看到，舞台上除了我们的主角与迷宫，还有很多小角色，他们有的在单击 🚩 之后就一直在动，那我们一个一个分析一下吧。

◎ 首先是"Gobo"，在绿旗被单击时，先移到它的初始位置，然后重复执行"等待0.3秒切换一个造型"的命令，于是"Gobo"就动起来了。

◎ 然后是"Bat1"，它的动作跟"Gobo"差不多，所以我们直接把"Gobo"的程序复制过来，然后修改一下初始位置就可以了。

◎ 同理，"Bat2"与"Ghost2"跟前两者动作也基本相同，所以直接将程序复制过来，然后修改初始位置即可。

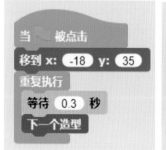 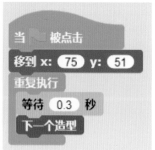

◎ 首先，当▶被点击时，我们的"MAGO-01"先回到初始位置。

◎ 然后，当它碰到每一个不同的小角色时，都会有不同的动作。同样，我们一个一个进行分析、编写。

　　1."Gobo"：如果我们的机器人碰到"Gobo"，那么机器人就移到迷宫入口，从头开始，并说"碰到小怪，回到原点"。

　　2."Bat1"：复制"Gobo"的程序，将"碰到"的对象改为"Bat1"，"如果碰到（Bat1）"，那么机器人的 y 坐标增加 -8，也就是向下移动 8 个单位，来阻止我们的机器人通过，并会说"别来烦我"。

3."Bat2"：复制"Gobo"的程序，将"碰到"的对象改为"Bat2"，"如果碰到Bat2"，要广播"水晶消失"的消息，然后说"碰到黑蝙蝠，水晶消失"（游戏失败）。

4."Ghost2"：复制"Gobo"的程序，将"碰到"的对象改为"Ghost2"，"如果碰到Ghost2"，机器人将移到角色"Bat1"处，然后说"吓死你，略略略。"

5."Rainbow"：复制"Gobo"的程序，将"碰到"的对象改为"Rainbow"，"如果碰到Rainbow"机器人将移到角色"水晶能源"处，然后说"恭喜你，传送到水晶"（游戏直接胜利）。

6. "水晶能源"：复制"Gobo"的程序，将"碰到"的对象改为"水晶能源"，"如果碰到水晶能源"，则广播胜利的消息。

◎ 最后将这六个  全部放在一起，并在外套一个 重复执行，然后放到当 被单击时回到初始位置的程序下方。

◉ 当▶被点击时水晶能源显示出来，且回到它的初始位置；当接收到"水晶消失"消息，水晶门消失（当机器人碰到黑蝙蝠发出"水晶消失"消息）。

◉ 胜利的标志在▶被点击时隐藏，当接收到胜利消息（机器人碰到水晶能源）的时候显示出来，并且停止全部程序。

课后提示

到这里为止，本章所有的程序都已编写完成。同学们自己动手编一下程序吧，记着将你们做好的作业进行提交哟！

扫码看视频

第8章　打开虫洞

　　码小高在解决一个又一个麻烦以后，顺利离开了迷宫，拿到了水晶能源。他们很快找到了宇宙飞船，但是突然又出现了一个机器人，他看起来并没有恶意，更重要的是他认识MAGO一号。但是MAGO二号（码小高给新来的机器人起的名字）似乎很焦急，来不及细聊就带着他们飞向一个地方，原来这是一片死星域。MAGO二号告诉他们，要想飞回地球，必须打开虫洞，而这片死星域就是打开虫洞的地方。这里面有结点和死星，每打开一个结点就会出现一个死星，飞船碰到死星就会解体，只有把所有的结点打开才会出现虫洞。他们能否顺利打开虫洞？打开虫洞以后，能否顺利飞回地球呢？

任务：穿梭虫洞

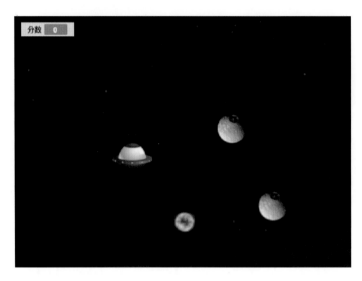

◎ 通过演示视频我们看到，开始之后，飞船一直跟着鼠标移动，如果碰到结点，结点会消失，然后随机出现在其他地方，分数加 1，并且死星也会在随机位置增加一个，如果碰到死星，则游戏结束。从整个视频中我们总结出要完成以下几项任务：

开始

飞船跟随鼠标

结点消失与出现

死星的出现

胜利的编程

结束

一、飞船跟随鼠标移动

◉ 当🚩被点击时，飞船先显示出来（后面程序飞船会隐藏，所以游戏开始先显示），然后将飞船设置为初始大小（后面程序飞船会缩小，所以游戏开始要恢复初始大小），再回到初始位置（舞台正中间）。

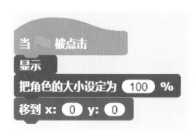

◉ 新建一个变量，并命名为"分数"，选择，重复执行直到"分数"大于15的时候跳出循环，否则飞船一直执行"移到鼠标指针"（飞船一直跟着鼠标移动，直到分数大于15，游戏胜利）。

二、结点的出现

◉ 结点的编程：如果结点碰到"宇宙飞船"，则变量"分数"增加1，然后移到随机位置并且广播"增加死星"的消息（每加1分舞台上都增加一个死星）。

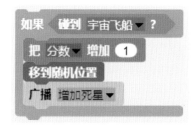

◎ 当 🚩 被点击时，首先把变量"分数"设定为0，然后重复执行上面的那一段程序（每次宇宙飞船碰到结点之后，分数会增加1，然后结点随机移到其他位置）。

三、死星的出现

◎ 当接收到"增加死星"的消息，"死星"移到随机位置，显示出来，并且执行 图章 命令（画笔模块中进行选择）。"图章"效果也是复制，但还是同一个角色。

◎ 当 🚩 被点击时将"死星"隐藏，并清空其"图章"的效果。

四、胜利与失败

胜利：

◎ 当分数大于15的时候为胜利，我们的"胜利"程序要继续写在"宇宙飞船"的脚本下。在 ![重复执行直到] 下方接着写（意为当分数大于15之后将执行以下程序），广播"虫洞打开"消息，等0.5秒之后移到最上层，并且在5秒内滑到舞台正中间（虫洞中间，x、y坐标都是0），然后隐藏，之后便结束所有的程序。

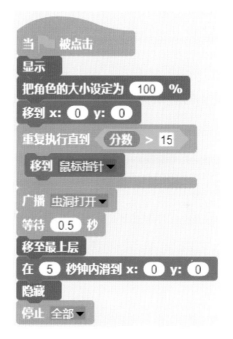

◎ 因为宇宙飞船在飞往虫洞时要逐渐缩小（为达到渐飞渐远的效果），此处缩小的程序与滑到中点的程序是并行程序，所以宇宙飞船要在接收到"虫洞打开"之后开始缩小，每隔0.1秒缩小2个单位，重复执行50次，总时间为5秒。

◉ 关于宇宙飞船胜利的程序脚本已经写完，接下来我们开始写"虫洞"的程序。"虫洞"在▶被点击之后要隐藏，直到分数大于15，接收到"虫洞打开"的消息才显示出来。要注意，一定要将"虫洞"移至最上层，否则可能在"虫洞"上看到"结点"或者"死星"。

◉ 接收到"虫洞打开"消息之后，"虫洞"与"宇宙飞船"都移到了最上层，而我们需要的是"宇宙飞船"在"虫洞"的上层，所以"宇宙飞船"的程序中要先等待0.5

秒（让虫洞先移至最上层）然后再移至"虫洞"的上层。

失败：

◉ 因为"死星"的角色是进行"图章"而不是"克隆"，所以在这里判断"宇宙飞船"是否碰到"死星"并不能使用 碰到 ▼ ？ ，而应使用 碰到颜色 ■ ？ 。从运算模块中选择 或 ，然后从探测模块中选择两个 碰到颜色 ■ ？ ，分别选择"死星"的两种颜色放入到 或 中。如果"宇宙飞船"碰到这两种颜色，则停止这个角色的其他脚本（先停止"宇宙飞船"的脚本，防止游戏已经结束了"宇宙飞船"还能够移动），说"啊！撞到死星了"之后再停止全部程序。

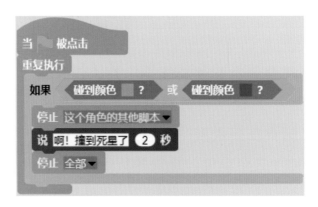

课后提示

到这里为止，本章所有的程序都已编写完成。同学们自己动手编一下程序吧，记着将你们做好的作业进行提交哟！

扫码看视频

第9章　重组虫洞

　　码小高和MAGO一号开着飞船顺利进入了虫洞，但是由于太空风暴，把各个虫洞对接搞乱了，他们需要把虫洞重新对接起来，才能顺利通过虫洞传回地球，否则他们将会传到未知的星域，永远漂泊下去。

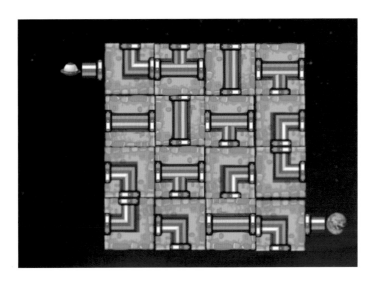

◉ 通过演示视频我们看到，当开始之后，16个管道朝向很乱，分别单击16个管道，管道都会旋转90度，当经过我们旋转的管道连通了之后，飞船会沿着修复好的管道飞行，最后飞回地球，游戏胜利。从整个视频中我们总结出要完成以下几项任务：

开始

碎片旋转

修复成功

沿虫洞飞行

胜利的编程

结束

一、管道旋转

◉ 从演示视频中我们可以看到，本节课的角色数量比较多，其实它们的编程基本相同，只是有一些参数和变量不相同。

◉ 首先选择角色"模块1"，当▶被点击时，角色面向-90度（让角色每次开始的时候朝向固定）。

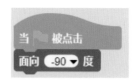

◉ 由于我们胜利的条件是将所有管道旋转至对应角度，让管道能够连通，所以在此处，为了方便辨识管道的旋转角度，我们使用"变量"新建一个变量，命名为"1"，并从变量模块中选择 把 ▼ 设定为 0 放到写好的程序下方（角色每次开始面向-90度，且将变量"1"重置为0）。

◉ 然后从控制模块中选择 当 点击 ▼ 我，再从运动模块中选择 旋转 ↻ 15 度，放在 当 点击 ▼ 我 下方，并把角度改为90度，意为每次鼠标单击管道时，都会顺时针旋转90度。

◎ 在  下方放一个 把 1▾ 增加 1 ，并填写 "把1增加1"（每次单击管道，角色会顺时针旋转90度，且将变量 "1" 增加1）。

◎ 角色 "模块1" 被单击一次时顺时针旋转90度，变量 "1" 为1，当单击两次时则相比于初始状态旋转180度，此时变量 "1" 为2，当单击三次时则对应旋转270度，变量 "1" 为3，那么当单击四次时则旋转360度，变量 "1" 为4。然而旋转360度与没有旋转的朝向是相同的，所以变量 "1" 值为4与值为0时所判断的结果是相同的，因此在这里我们要做一个循环重置，否则变量 "1" 的值会一直往上涨，这样就会很难进行判断。

◎ 如上图所示，当变量 "1" 的值为4的时候，将变量 "1" 设定为0（此时角色1就变成只有四种状态：

1. 单击（0、4、8、12……）次时，旋转0度或360度，变量 "1" 为0；
2. 单击（1、5、9、13……）次时，旋转90度，变量 "1" 为1；
3. 单击（2、6、10、14……）次时，旋转180度,变量 "1" 为2；
4. 单击（3、7、11、15……）次时，旋转270度，变量 "1" 为3。

◉ 将重复执行重置变量模块放在当 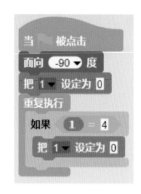被点击的程序块之下，那么角色"模块1"的编程就此完成，然后将其复制到其他15个角色。

◉ 选择角色"模块2"，新建对应的变量"2"，然后将程序中所有关于变量的模块全部选择"2"，因为角色"模块2"是中心对称图形（旋转2次与旋转4次的效果相同），所以在此处重置循环处并非"如果2=4"，而是"2=2"。注意，此处 当 被点击 之后面向的度数也有所变化，角色"模块1"面向的度数为-90度，为了达到更好的效果，此处我们为角色"模块2"编写为面向90度。

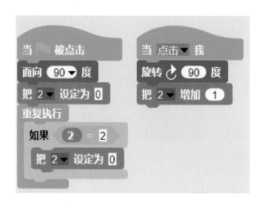

◉ 依此类推，我们为剩余的角色分别建立对应变量，并改为对应名称，如果角色形状为中心对称图形（与角色"模块2"相同），要把重复执行重置处的"4"改为"2"。且要将每个角色当 被单击时的面向进行修改：

模块3：90度

模块4：90度

模块5：0度

模块6：-90度

模块7：0度

模块8：90度

模块9：0度

模块10：90度

模块11：0度

模块12：-90度

模块13：90度

模块14：-90度

模块15：90度

模块16：180度

◉ 注意：角色"模块14""模块15""模块16"不要写变量，这三个角色只是干扰项，所以要把这三个角色脚本中的变量模块全部删除。

二、修复成功

◉ 当把所有管道程序编写完之后，大家可以看到在舞台左侧会显示一排变量数据，我们要判断虫洞是否修复成功，就需要根据变量的数值来进行判断。在游戏开始时，所有变量的数值均为0，当单击虫洞碎片（各个角色）时，变量也会有相对应的变化，这就相当于一个密码锁。当这十三个变量显示为规定的数字时（虫洞修复成功之后变量对应的数值），才会判断成功。这个判断过于复杂，为了方便大家学习，我们将其直接打包成一个小的模块，运算模块最下方的 <修复成功>，大家可以直接使用。有兴趣的同学可以在课后学习一下这一段编程。

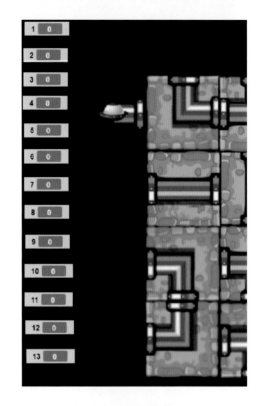

◉ 首先选择"宇宙飞船"角色，当▶被点击时，"宇宙飞船"移到初始位置，并且说一句"请把虫洞通道连通"。

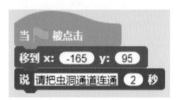

◉ 从控制模块中选择 [直到 ⬤ 前都等待]，再从运算模块最下方找到我们打包好的 <修复成功>，放到 [直到 ⬤ 前都等待] 中，然后广播"修复成功"消息。

◎ 选择角色"虫洞","虫洞"角色是虫洞碎片修复成功之后显示的完整虫洞，当游戏开始时，"虫洞"先隐藏，修复成功之后"虫洞"移至最上层并且显示（移至最上层是为了覆盖所有的虫洞碎片，防止已经修复了的虫洞碎片因再次被单击而旋转）。

三、沿虫洞飞行

◎ 再次选择"宇宙飞船"角色，当接收到"修复成功"消息之后，等待0.5秒再移至最上层（因为虫洞在接收到"修复成功"消息之后，也会移至最上层，所以"宇宙飞船"要等待0.5秒再移至最上层，才能保证它是在"虫洞"的上层），然

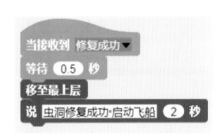

后说一句"虫洞修复成功，启动飞船"（注意一句话的长度，中间要加空格）。

◎ 然后"宇宙飞船"开始飞行，在这里为了让飞船的飞行效果更好，选择使用 `把x坐标增加 10` ，然后我们发现，飞船只是移动了一小步，所以我们在外面套一个"重复执行（ ）"模块。注意，为了不让飞船一下飞得太多，重复执行里要加一个等待0.2秒。然后我们就需要一次次地试验，看看飞船重复多少次可以正好走到我们要求的位置。

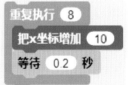

◎ "宇宙飞船"的飞行轨迹就是"虫洞"的形状，由此可见，我们飞船的飞行顺序为：

右—下—右—上—右—下—左—下—右—下—右。

◎ 然后我们做十一个相同的程序，注意方向对应的 x 坐标与 y 坐标的正负数值，并且注意他们每个模块重复执行的次数。

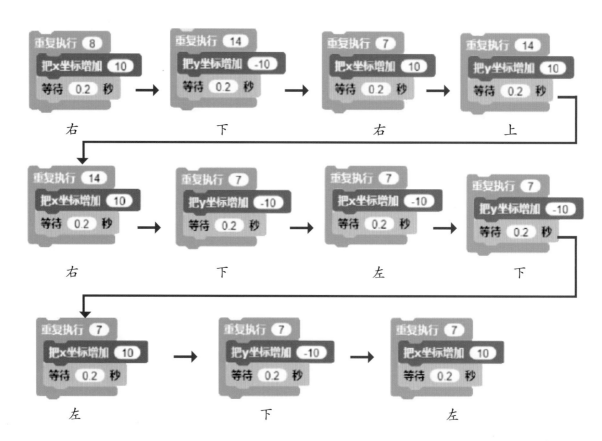

◎ 然后将这十一个模块按顺序连接在一起，并且在最后广播"胜利"消息。

四、游戏胜利

◎ 角色"胜利"在🏳被单击时先隐藏，在接收到"胜利"消息之后移到最上层，然后显示。

课后提示

到这里为止，本章所有的程序都已编写完成。同学们自己动手编一下程序吧，记着将你们做好的作业进行提交哟！

扫码看视频

你以为故事到这里就结束了吗？不，我们的故事才刚刚开始。

码小高带领大家回到地球，在Jack老师的帮助下，给码高一号他们每个人设计了一个反追踪器，帮助他们成功避开了敌人战舰的信号追踪。并且他们也在学校里住了下来，而在地球上，他们之间又发生了许多精彩的故事。

想知道他们在地球上又发生了哪些有趣的事情吗？那大家多多关注我们的后续书籍吧！

嘿嘿，一号同学，这一路走来是不是已经被足智多谋、智勇双全、神机妙算、大智若愚、慧心妙舌、英俊潇洒、风流倜傥、器宇不凡、玉树临风、天下无敌的我——码小高，所深深折服了呢？

额……，是深深地折服了，墙都不扶，就服你，不过不是服你这些，而是佩服你比城墙还厚的脸皮。

怎么滴，难道不是在我的英明领导下你们才能冲破敌人的重重阻拦、跨越半个宇宙来到地球吗？

哼！我要是早点学习编程课程的话还用你带我出来？我早就把敌人耍得团团转了，说不定还能夺回我的家乡。

行了行了，小高、一号你们两个别吵了，我们好不容易才摆脱了敌人，现在不是互相争吵和邀功的时候。小高，这一路上真是多亏了你的鼎力相助，我们才能够平安到达地球。路上我们也看到了编程的神奇之处，所以我们也想在地球上好好学习一下这方面的知识，可以吗？

没问题呀，我可以把我的Jack老师介绍给你们，跟你说，Jack老师那才叫学识渊博，不是我吹牛，我的这点知识在老师面前根本就不够看的。

嗯嗯，那真是谢谢你了小高，我们快去吧！

好的，走，我Jack老师学习编程去喽！

MAGO
码高少儿编程

爱上编程
CODING

Scratch
趣味编程动手玩
节日乐翻天

码高少儿编程 编著

人民邮电出版社
北 京

内 容 提 要

　　本套书由码高少儿编程项目组编著，教孩子循序渐进地学习Scratch编程知识。书中以小故事为背景，并设计了角色，用丰富的人设和故事把Scratch所要表达的计算思维展现出来。每节课还搭配线上教学视频和课件，帮助孩子形成提出问题、分析问题和解决问题的逻辑思维。本套书非常适合孩子阅读和使用。全书共2篇，此为第2篇，主题为"节日乐翻天"。

目录 Contents

第2篇

新手入门

1. 进入学习区

（1）打开浏览器，输入 www.magoedu.cn 进入我们的学习平台。为了搭配配套的视频和课件使用，本节采用的编程环境仍为 Scratch 2.0。

（2）单击右上角"学习平台"，最后通过手机微信扫描屏幕右方的二维码进行登录，就可以找到我们为大家准备的教学视频和课件了，读者可以直接在课件中进行操作。（请按照前勒口免费配套课程领取步骤操作，预留常用手机号，领取配套少儿编程课程。）

（3）在所有的课程中有以下几种情况：右上角写着"已完成"表示我们已经看完了的课程；写着"未完成"的表示该视频我们并没有观看，等待着我们去观看；而最后有一些写着"未解锁"的则表示班主任尚未开课。

2. 初识 Scratch

（1）看完我们的课程之后，屏幕右下方有一个"我要交作业"按钮，单击此按钮，稍等片刻就可以进入 Scratch 的编程界面了。

（2）编程界面主要分为功能区域、角色选择区域、脚本编辑区域、舞台区域、角色区域、背景这几个主要区域。

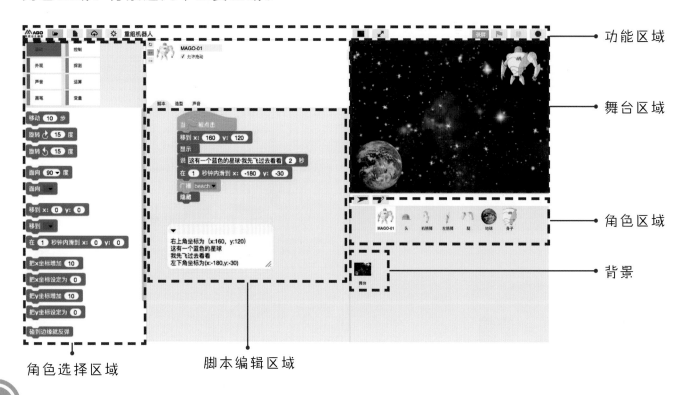

3．课后小作业

　　Jack老师会在每节课的结尾给大家留一些作业，下面黄色标签区域是作业的一些小提示，作业可以通过录屏的方式提交给老师。

4．如何录制和提交自己的作业

　　（1）在屏幕的右上方有一排按钮，我们需要先单击放大 ⚹ 按钮，再单击蓝色的"录屏"按钮，就可以开始录制自己的作业了。

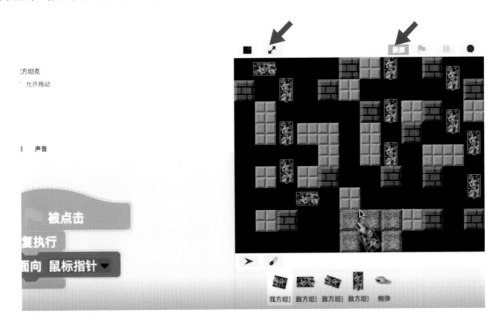

（2）录制完成后，可以给自己的作业命名，如果对自己录制的内容满意，就可以单击"录制成功"，单击"发布"按钮来上传自己的作业；如果不满意，想再重新录制一遍，那就单击"不满意，我要重做"按钮来重新录制一遍。

第2篇

引 言

　　自从来到地球，码高一号就深深地爱上了这里，这也跟地球上许多有趣的节日有关，因为每逢佳节他便可以享用各种特色美食，还有各种有趣的活动，这让码高一号欣喜不已，于是他暗自做了决定，要用自己的方式表达对这些美好节日的喜爱。就这样，一个有趣而大胆的计划在码小高和码高一号之间展开了，他们要用模块的力量去记录和表现这些美好的节日。这不，春节马上就要到了，让我们来看看他们表现如何吧。

第1章　贴春联

　　码小高和码高一号经历重重磨难后，终于回到了地球。回到地球以后，他们发现地球上正在过春节。在这个举国欢庆的日子里，码小高要忙着贴春联和拜新年，但是码高一号却从来没做过这些，就让我们和码小高一起，帮码高一号完成贴春联的任务吧！

　　贴春联这一习俗起源于宋代，自明代开始盛行，表达了中国的劳动人民辟邪除灾、迎祥、纳福的美好愿望。

一、总流程图

二、准备素材

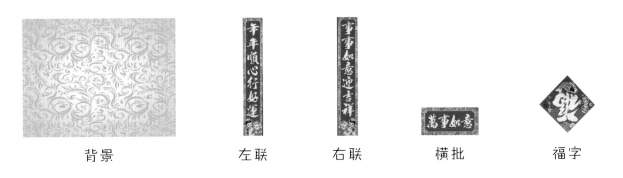

背景　　　　　左联　　　右联　　　横批　　　福字

三、导入素材

单击 ➤ , 添加新角色。

角色

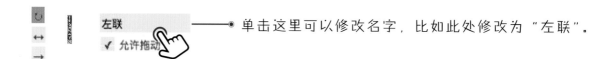

单击这里可以修改名字，比如此处修改为"左联"。

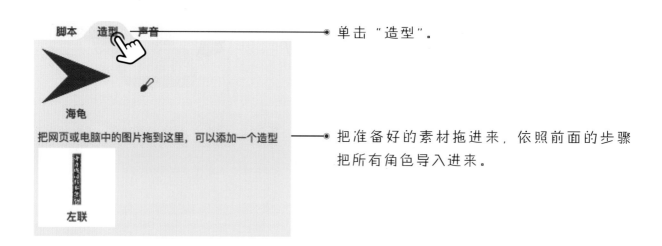

单击"造型"。

把准备好的素材拖进来，依照前面的步骤把所有角色导入进来。

四、开始编程

（一）任务图解

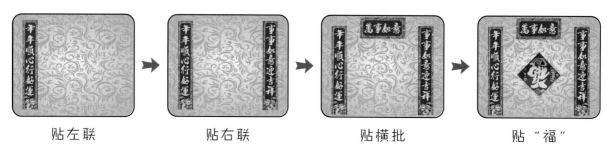

贴左联　　　　　　贴右联　　　　　　贴横批　　　　　　贴"福"

（二）左联图解及编程

1.图解

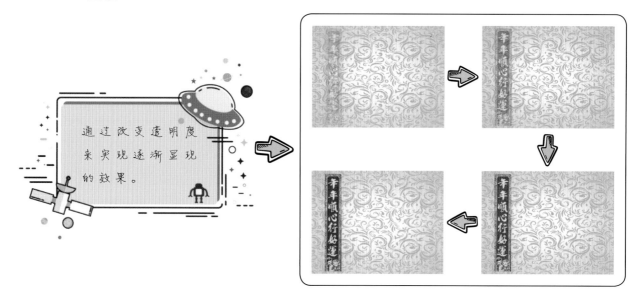

2.编程

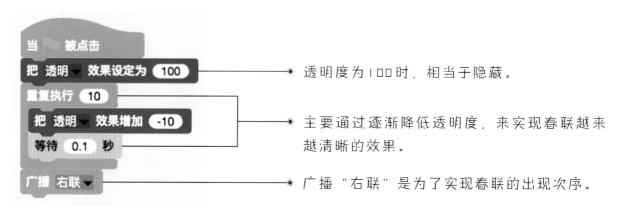

透明度为100时，相当于隐藏。

主要通过逐渐降低透明度，来实现春联越来越清晰的效果。

广播"右联"是为了实现春联的出现次序。

（三）右联图解及编程

1.图解

右联图解和左联图解同理。

2.编程

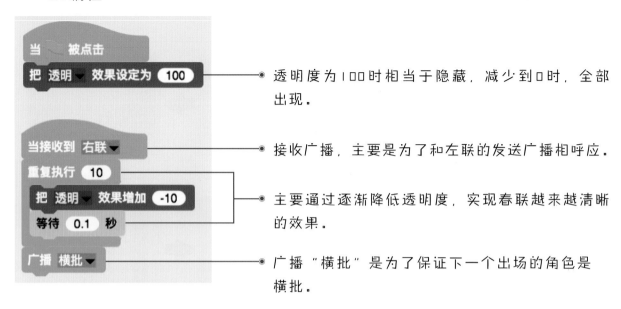

透明度为100时相当于隐藏，减少到0时，全部出现。

接收广播，主要是为了和左联的发送广播相呼应。

主要通过逐渐降低透明度，实现春联越来越清晰的效果。

广播"横批"是为了保证下一个出场的角色是横批。

（四）横批图解及编程

1.图解

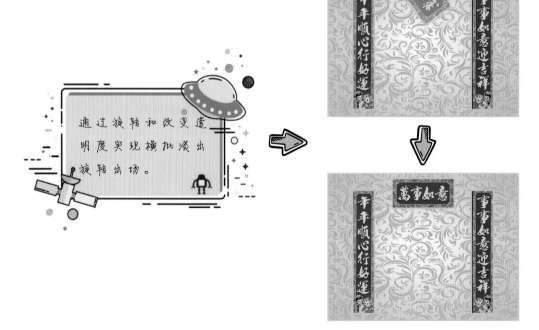

2.编程

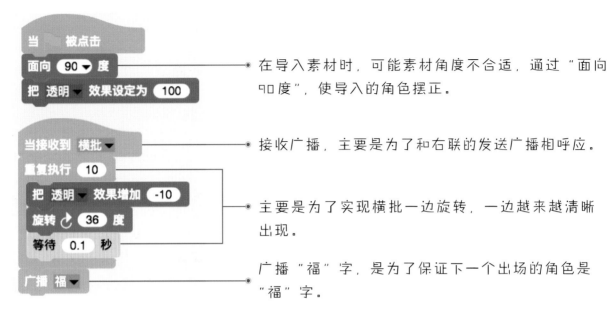

在导入素材时，可能素材角度不合适，通过"面向90度"，使导入的角色摆正。

接收广播，主要是为了和右联的发送广播相呼应。

主要是为了实现横批一边旋转，一边越来越清晰出现。

广播"福"字，是为了保证下一个出场的角色是"福"字。

（五）"福"字图解及编程

1.图解

让"福"字旋转180度，出现一个倒着的"福"字，寓意福到了。

2.编程

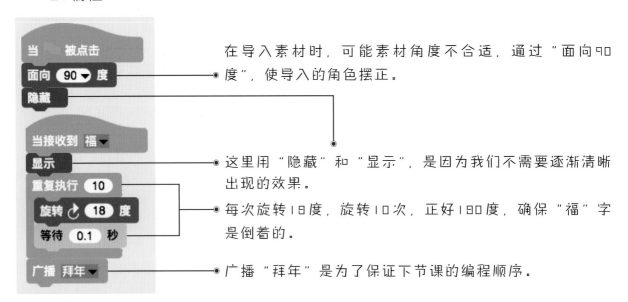

在导入素材时，可能素材角度不合适，通过"面向90度"，使导入的角色摆正。

这里用"隐藏"和"显示"，是因为我们不需要逐渐清晰出现的效果。

每次旋转18度，旋转10次，正好180度，确保"福"字是倒着的。

广播"拜年"是为了保证下节课的编程顺序。

五、新模块认识

两个模块的效果一模一样。

同上。

六、编程思想

确定编程任务总顺序→单个角色编程顺序→用文字描述任务→根据文字划分步骤→找到对应程序模块→运行程序→检查错误→调整参数，修改错误。

举例分析：

本节课的总顺序是：参见总流程图。

本节课左联的编程顺序：隐藏 → 显示。

文字描述任务：左联在开始时是不显示的，然后每一次都清晰一些，多次以后完全显示。（注释：一定要仔细描述，不能笼统描述）

划分步骤：初始不显示（透明度为100）→每一次清晰一些（透明度数值减少一些）→多次（循环一定次数）→完全显示（透明度为0），找到对应程序模块，开始编程运行程序。

检查错误：发现变清晰的过程不流畅，或者变清晰的速度过快。

解决错误：调整参数，解决清晰变化过程不流畅问题。加入等待模块，解决清晰变化速度过快问题。

七、拓展训练

大家试着编写一下贴门神程序。让我们的门神先旋转，然后跳两下出场。

第2章　拜新年

传说远古时期有一种叫"年"的怪物，每逢腊月三十晚上，就会出来挨家挨户地找人吃。为了不被"年"吃掉，人们只能把肉食放在门口，然后关上大门，躲在家里。直到正月初一早上，人们打开大门，互相作揖道喜，祝贺大家未被年兽吃掉。

后来，人们将这一习惯延续了下来，便有了拜年这一习俗。这一习俗不仅是中国的一个古老传统，也是我们辞旧迎新，互相表达美好祝愿的一种方式。每逢新年之际，我们就会走亲串友，互相恭贺新年快乐，这就是拜年。

一、总流程图

开始 准备素材  导入素材 播放音乐 ➡ 人物拜年

二、准备素材

拜年1

拜年2

拜年3

拜年4

拜年5

拜年6

拜年7

拜年8

新年好.mp3

三、导入素材

角色

单击 ➤，添加新角色。

单击这里修改名字，比如此处修改为"拜年"，并单击"允许拖动"前面的 √，把 √ 勾选掉。

单击"造型"。

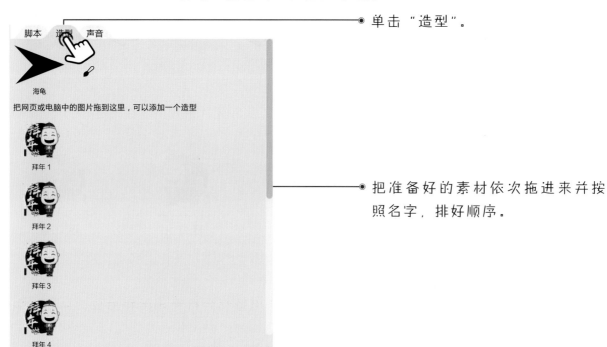

海龟

把网页或电脑中的图片拖到这里，可以添加一个造型

拜年 1

拜年 2

拜年 3

拜年 4

把准备好的素材依次拖进来并按照名字，排好顺序。

舞台

单击舞台，开始下面任务。

脚本　背景　声音

把电脑中的声音文件拖到这里，可以添加一个声音

0：40

播放

新年好

单击"声音"，把准备好的MP3文件拖进来，然后单击"播放"，可以进行试听。

四、开始编程

（一）任务图解

第一，全程播放"新年好"的音乐。
第二，让拜年的小人一直重复拜年的动作，并让烟花爆竹不断地放。

（二）舞台编程

因为每一个角色出场都会有音乐全程播放。所以，我们把音乐导入了舞台，并需要在舞台这里编写全程的音乐播放，而不是限定于某一个角色。

（三）拜年人物编程

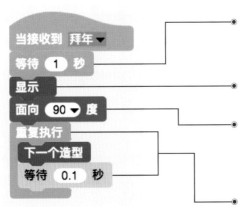

此处等待1秒是因为如果前面的"福"字刚结束，这边小人就出来，在衔接上太快了。所以等待1秒是为了更好地衔接。

一开始拜年小人需要隐藏起来，只有"福"字结束以后，才能出现。

面向90度，是为了摆正角色方向。

主要是通过变换不同角色造型，来实现拜年的动画效果。

五、新模块认识

等待的时间是音乐播放的时间。

六、编程思想

　　用下图做动画：我们只需要把能形成连贯动作的图，间隔一定的时间（不能太长，大约0.2秒），不断地循环展示，就能把图做成动画的效果。

过年的时候，我们除了贴春联和拜新年，还有哪些有趣的活动呢？试着用编程实现一下吧！

扫码看视频

第3章 猜灯谜

  "猜灯谜"这项活动至今已经流传了一千五百多年。猜灯谜是元宵节必不可少的节目。灯谜的结构由三个基本要素组成，即"谜面""谜目"和"谜底"，这三个部分缺一不可。

  比如：入门无犬吠（谜面），打一字（谜目），问（谜底）。

一、总流程图

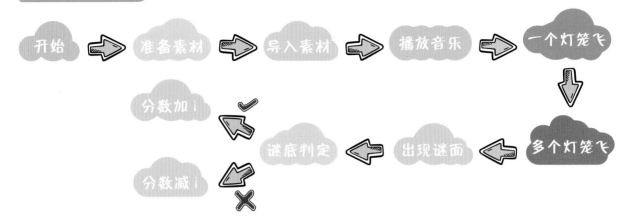

开始 ➡ 准备素材 ➡ 导入素材 ➡ 播放音乐 ➡ 一个灯笼飞

多个灯笼飞 ⬅ 出现谜面 ⬅ 谜底判定

分数加 ✓

分数减 ✗

二、准备素材

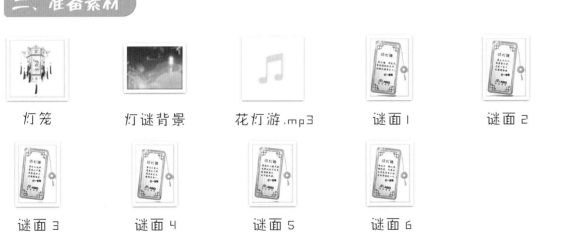

灯笼　　　灯谜背景　　　花灯游.mp3　　　谜面1　　　谜面2

谜面3　　　谜面4　　　谜面5　　　谜面6

三、导入素材

单击 ➤，添加新角色。

角色

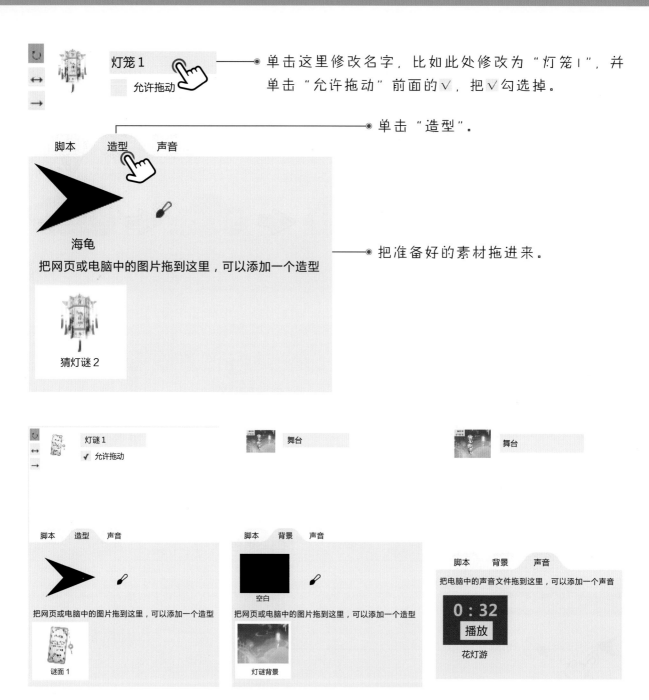

灯笼1
允许拖动

单击这里修改名字，比如此处修改为"灯笼1"，并单击"允许拖动"前面的√，把√勾选掉。

单击"造型"。

脚本　造型　声音

海龟
把网页或电脑中的图片拖到这里，可以添加一个造型

猜灯谜2

把准备好的素材拖进来。

灯谜1
√ 允许拖动

舞台

舞台

脚本　造型　声音

把网页或电脑中的图片拖到这里，可以添加一个造型

谜面1

脚本　背景　声音

空白
把网页或电脑中的图片拖到这里，可以添加一个造型

灯谜背景

脚本　背景　声音

把电脑中的声音文件拖到这里，可以添加一个声音

0：32
播放

花灯游

依次把6张谜面、舞台背景和音乐全部导入进来。

四、开始编程

（一）任务图解

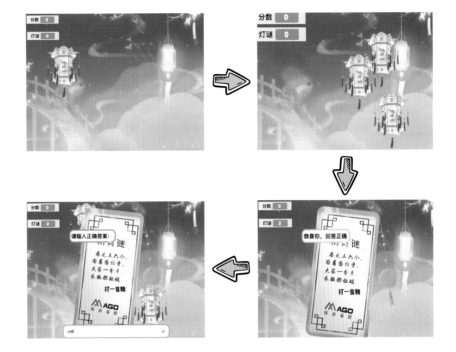

1.让一个灯笼从舞台最下方的随机位置，按随机的时间间隔，以随机的速度，移到舞台最上方的随机位置，然后消失并不断重复。

2.让6个灯笼（数量与谜面数量相同）从舞台最下方的随机位置，按随机的时间间隔，以随机的速度，移到舞台最上方的随机位置，然后消失并不断重复。

3.单击任意一个灯笼，弹出随机的一个灯谜，并询问答案。

4.输入正确的灯谜答案就会显示回答正确，并且分数"+1"；否则，便显示回答错误，分数"-1"。

（二）舞台编程

 ●——— 播放《花灯游》音乐。

（三）灯笼编程

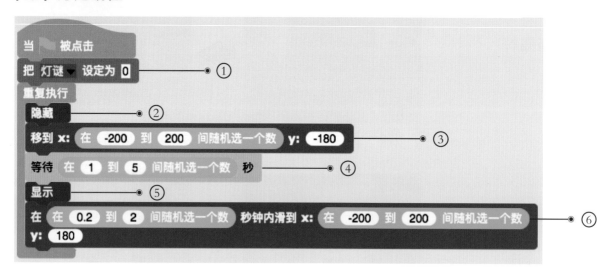

① 设定"灯谜"变量初始值为0。

② 隐藏。

③ 从舞台下方的随机位置出发。

④ 间隔1~5秒的随机时间。

⑤ 显示。

⑥ 以随机的速度滑行到舞台上方的随机位置。

点击"灯笼"，会把"灯谜"变量设定为1~6之间的一个随机数（为了让灯谜的谜面随机出现）。

（四）多个灯笼编程

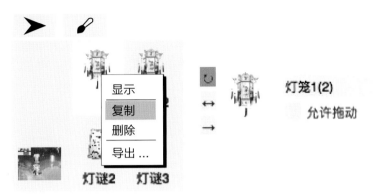

1.将鼠标放在角色"灯笼1"上，然后单击鼠标右键，选择复制。（复制的时候，会连同代码一起复制过来）。

2.将新复制角色的名字修改为"灯笼2"。

3.以此类推，对其他4个灯笼做同样的操作。

（五）新建变量

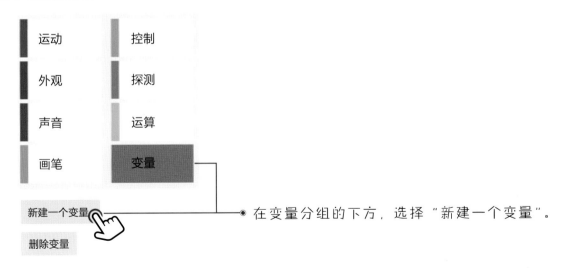

在变量分组的下方，选择"新建一个变量"。

（六）变量命名

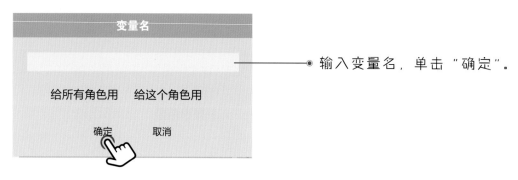

输入变量名，单击"确定"。

（七）设定变量

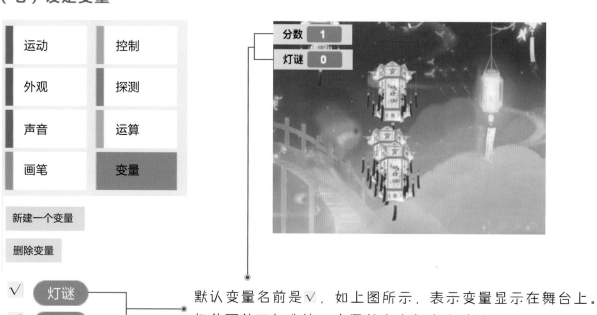

默认变量名前是√，如上图所示，表示变量显示在舞台上。
把前面的√勾选掉，变量就会在舞台上消失。

（八）灯谜编程

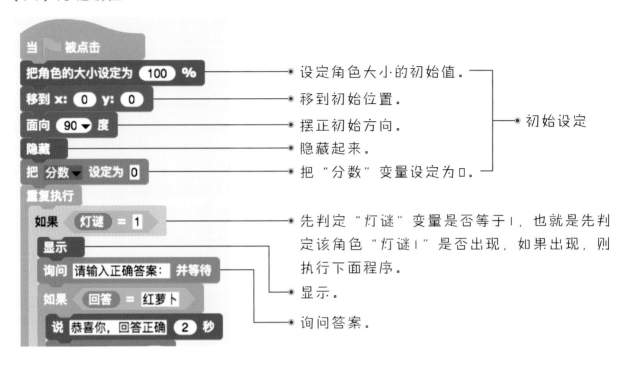

设定角色大小的初始值。 ——┐
移到初始位置。   │
摆正初始方向。   ├ 初始设定
隐藏起来。   │
把"分数"变量设定为0。——┘

先判定"灯谜"变量是否等于1，也就是先判定该角色"灯谜1"是否出现，如果出现，则执行下面程序。

显示。

询问答案。

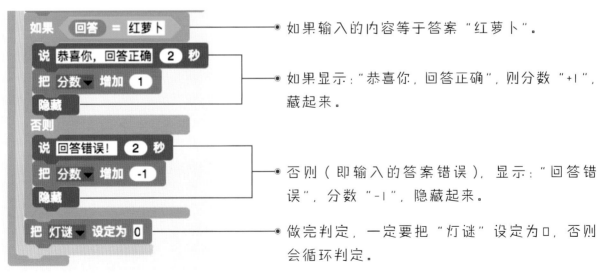

如果输入的内容等于答案"红萝卜"。

如果显示："恭喜你，回答正确"，则分数"+1"，藏起来。

否则（即输入的答案错误），显示："回答错误"，分数"-1"，隐藏起来。

做完判定，一定要把"灯谜"设定为0，否则会循环判定。

（九）其他灯谜编程

灯谜 = 1 ────●其他灯谜类似，只需修改后面的数字即可，依次为1~6。

回答 = 红萝卜 ────●其他灯谜类似，只需修改答案即可，依次为红萝卜、大蒜、藕、藕、西红柿、豆腐。

（十）谜面内容

①红公鸡，绿尾巴，身体钻到地底下，又甜又脆营养大。谜底：红萝卜。

②弟兄五六个，围着圆柱坐，大家一分手，衣服都扯破。谜底：大蒜。

③身体白又胖，常在泥中藏，浑身是蜂窝，生熟都能尝。谜底：藕。

④有洞不见虫，有巢不见蜂，有丝不见蚕，撑伞不见人。谜底：藕。

⑤圆圆脸儿像苹果，又酸又甜营养多，既能做菜吃，又可当水果。谜底：番茄。

⑥白又方，嫩又香，能做菜，能煮汤，豆子是它爹和妈，它和爹妈不一样。谜底：豆腐。

五、拓展训练

试着做更多好玩的花灯和灯谜，选用8个、10个或12个花灯来做一做。

第4章　放烟花

在元宵节，全国各地都有放烟花的活动，以绚丽的烟花来为节日助兴。烟花起源于中国古代的四大发明之一：火药。在火药的基础上，人们制作出各式各样的烟花。

烟花虽然能为节日助兴，也很美观漂亮，但是危害不小。烟花的危害主要有空气污染、噪声污染、垃圾污染、容易引发火灾等。所以，在欢度佳节的时候，还是应该尽量少放烟花，或者选择烟花的替代物进行观赏。

一、总流程图

二、准备素材

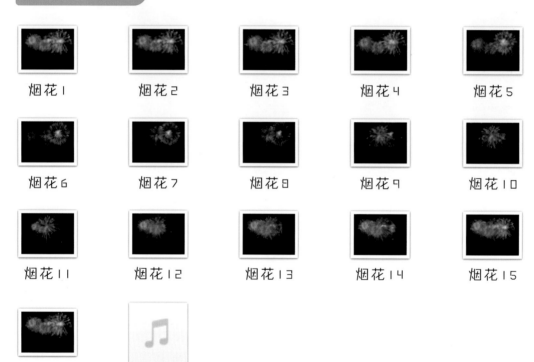

烟花1　　烟花2　　烟花3　　烟花4　　烟花5

烟花6　　烟花7　　烟花8　　烟花9　　烟花10

烟花11　　烟花12　　烟花13　　烟花14　　烟花15

烟花16　　烟花爆竹.mp3

注意：呈现16张图片主要是为了模拟烟花的动态效果图。

1个"烟花爆竹"音效，为MP3格式。

三、导入素材

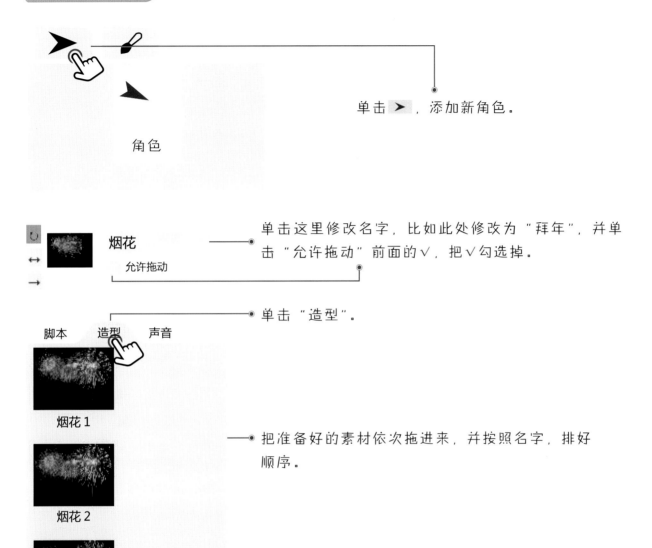

单击 ➤，添加新角色。

角色

单击这里修改名字，比如此处修改为"拜年"，并单击"允许拖动"前面的√，把√勾选掉。

允许拖动

单击"造型"。

脚本　造型　声音

烟花 1

把准备好的素材依次拖进来，并按照名字，排好顺序。

烟花 2

烟花 3

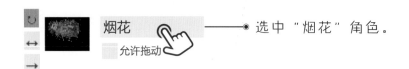

烟花

允许拖动 ● 选中"烟花"角色。

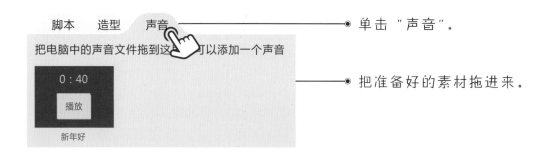

脚本　造型　声音 ● 单击"声音"。

把电脑中的声音文件拖到这~可以添加一个声音

0 : 40

播放 ● 把准备好的素材拖进来。

新年好

四、开始编程

（一）任务图解

1. 当得分大于6时，开始出现烟花，不断播放动画。
2. 播放烟花动画的同时，发出"烟花爆竹"的音效。

（二）烟花编程

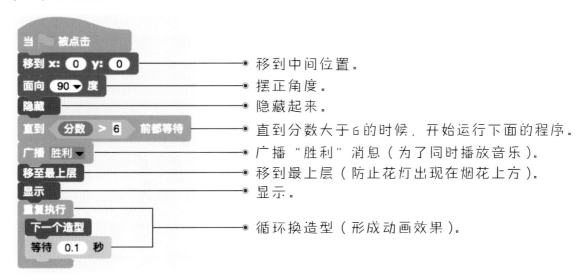

移到中间位置。

摆正角度。

隐藏起来。

直到分数大于6的时候，开始运行下面的程序。

广播"胜利"消息（为了同时播放音乐）。

移到最上层（防止花灯出现在烟花上方）。

显示。

循环换造型（形成动画效果）。

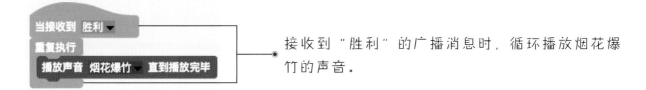

接收到"胜利"的广播消息时，循环播放烟花爆竹的声音。

五、新模块认识

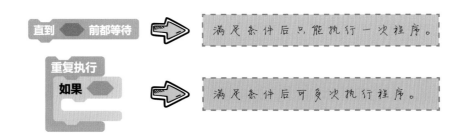

满足条件后只能执行一次程序。

满足条件后可多次执行程序。

六、编程思想

在程序的中间部分要同时完成两个任务，需要在同一个角色里运用"广播"和"收到广播"。

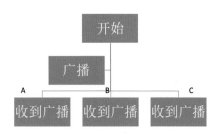

如左图所示，A、B、C三个任务同时收到广播，在程序的中间部分就能同时进行三个任务。

七、拓展训练

通过编程实现烟花的播放，不仅效果美观、经济实惠，而且还很环保。试着用我们学的编程知识，来模拟一个更盛大的烟花晚会吧！

扫码看视频

第5章　赛龙舟

　　端午节为每年农历五月初五，与春节、清明节、中秋节并称为中国民间四大传统节日。端午节起源于中国，最初是古代百越地区，崇拜龙图腾的部族举行图腾祭祀的节日。战国时期的楚国诗人屈原，在端午节那天抱石跳汨罗江自尽，为感念其忠君爱国的精神，后世亦将端午节作为纪念屈原的节日。

　　相传屈原投江后，当地百姓闻讯马上划船捞救。人们荡舟于江河之上，逐渐发展成为龙舟竞赛。百姓们怕江河里的鱼吃掉屈原的身体，纷纷回家拿来米团投入江中，后来就形成了端午节吃粽子的习俗。

一、总流程图

二、准备素材

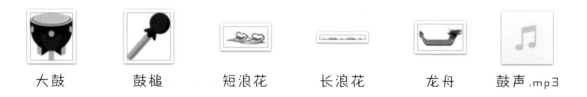

大鼓　　　　鼓槌　　　　短浪花　　　　长浪花　　　　龙舟　　　鼓声.mp3

三、导入素材

角色

单击 ➤，添加新角色。

龙舟　短浪花　长浪花　大鼓　鼓槌 ————● 依次把所有素材导入进去。

舞台

鼓槌

允许拖动 ————————● 对所有角色的名字进行修改，并把"允许拖动"前面的√勾选掉。

脚本　背景　声音 ————————————● 单击"声音"，把准备好的"鼓声"声音文件拖进来，可以单击"播放"进行试听。

把电脑中的声音文件拖到这里可以添加一个声音

```
0：00
播放
```

鼓声

四、开始编程

（一）任务图解

1.模拟龙舟向前跑的场景。

2.鼓槌跟随鼠标移动。

3.单击鼠标，鼓槌形成敲鼓效果。

4.敲鼓时，配合鼓的音效。

（二）短浪花1编程

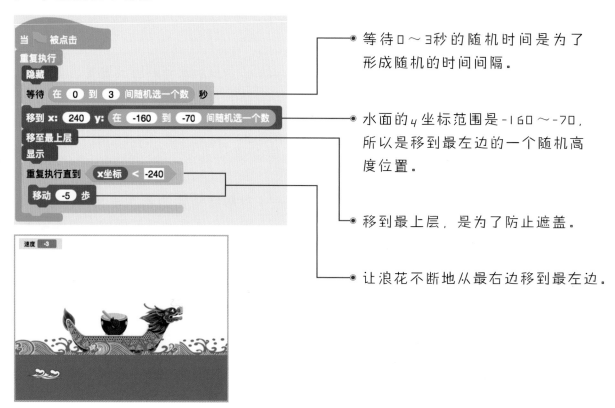

等待0～3秒的随机时间是为了形成随机的时间间隔。

水面的y坐标范围是-160～-70，所以是移到最左边的一个随机高度位置。

移到最上层，是为了防止遮盖。

让浪花不断地从最右边移到最左边。

（三）短浪花2编程

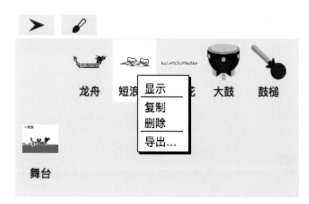

选中短浪花，单击鼠标右键，选择"复制"选项即可。

（四）长浪花1编程

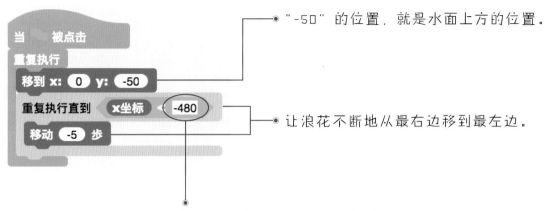

"-50"的位置，就是水面上方的位置。

让浪花不断地从最右边移到最左边。

选择"-480"是因为，长浪花的长度正好是舞台的长度（480），
而长浪花的位置是浪花的中心，为了保证浪花的最右边能跑
到舞台的最左边，必须让长浪花向左移动一个舞台长度的距离
（480），向左方向取负，所以是-480。

（五）长浪花2编程

选中"长浪花"，单击鼠标右键，选择
"复制"选项即可。

长浪花2是从舞台右边出发（屏幕外），移动
到舞台中间位置。这样，两个长浪花就能衔
接起来。

（六）龙舟编程

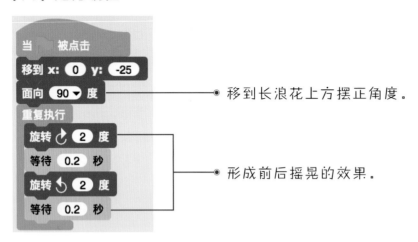

当 ▶ 被点击
移到 x: 0 y: -25
面向 90 ▾ 度 ————————● 移到长浪花上方摆正角度。
重复执行
　旋转 ↻ 2 度
　等待 0.2 秒 ————————● 形成前后摇晃的效果。
　旋转 ↺ 2 度
　等待 0.2 秒

（七）鼓槌编程

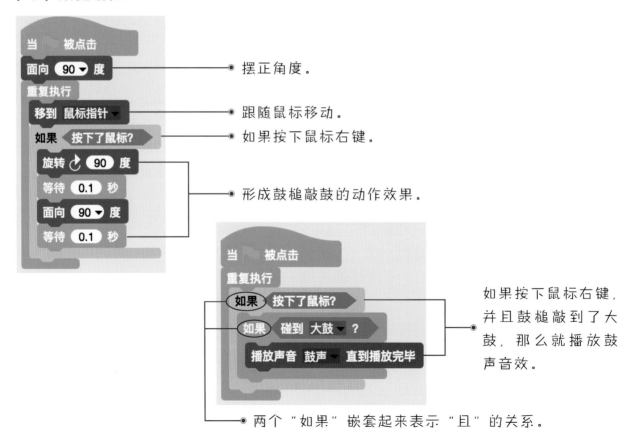

当 ▶ 被点击
面向 90 ▾ 度 ————————● 摆正角度。
重复执行
　移到 鼠标指针 ▾ ————————● 跟随鼠标移动。
　如果 按下了鼠标? ————————● 如果按下鼠标右键。
　　旋转 ↻ 90 度
　　等待 0.1 秒 ————————● 形成鼓槌敲鼓的动作效果。
　　面向 90 ▾ 度
　　等待 0.1 秒

当 ▶ 被点击
重复执行
　如果 按下了鼠标?
　　如果 碰到 大鼓 ▾ ? ————————● 如果按下鼠标右键，并且鼓槌敲到了大鼓，那么就播放鼓声音效。
　　　播放声音 鼓声 ▾ 直到播放完毕

● 两个"如果"嵌套起来表示"且"的关系。

两个"如果"嵌套在一起表示"且"的关系。

运动是相对的，参考系不同，运动结果也不同。

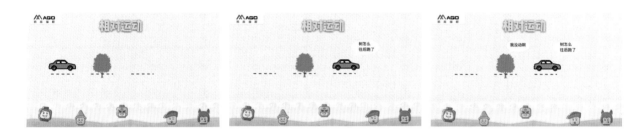

赛龙舟是端午节的一项传统节目，具有竞赛性质，也有趣味性。试着为龙舟加上划桨的动作吧，让龙舟划动起来更加逼真形象。

第6章　敲大鼓

　　赛龙舟的时候为什么要敲鼓呢？敲鼓的作用有很多，比如：鼓舞士气，让人们扬起斗志；调整节奏，人们在划桨的时候，更能整齐划一；鼓声阵阵，为赛龙舟增加了气势，也更有趣味性。

　　那么，本章我们就来实现随着鼓声响起，龙舟越划越快；鼓声停止，龙舟渐渐变慢的效果。

一、总流程图

 开始 鼓声越快 龙舟越快 鼓声停止 龙舟变慢

二、开始编程

（一）新建变量

运动	控制
外观	探测
声音	运算
画笔	变量

变量名

给所有角色用　　给这个角色用

确定　　　　取消

新建一个变量

删除变量

✔ 速度

（二）改变浪花速度

把固定的速度（-5）改为一个会变化的速度，也就是变量。

（三）鼓槌编程

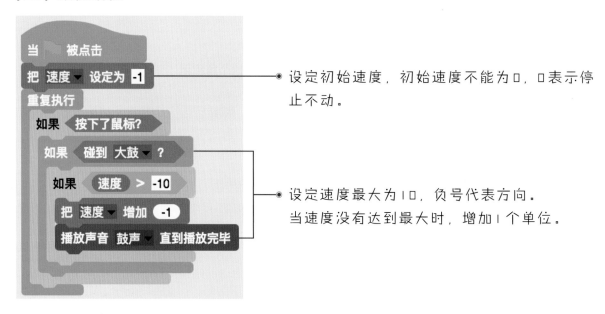

设定初始速度，初始速度不能为0，0表示停止不动。

设定速度最大为10，负号代表方向。
当速度没有达到最大时，增加1个单位。

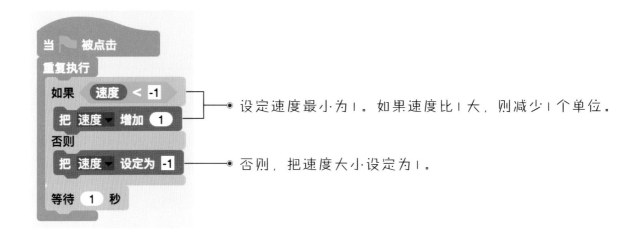

设定速度最小为1。如果速度比1大，则减少1个单位。

否则，把速度大小设定为1。

三、新模块认识

速度分为：速度大小和速度方向。

负数的大小和正数大小相反，比如1<2，但是 -1>-2。

四、拓展训练

试着让龙舟摇晃的速度也跟随鼓点来进行变化。

扫码看视频

第7章　礼物盒

母亲非常伟大，她是我们的亲人、保姆、司机、老师、朋友……

她几乎扮演了我们生活中的所有角色，却从不喊苦、不喊累、不求回报，默默无闻地付出。母亲的付出与辛苦，我们都看在眼里，记在心里。

让我们在母亲节这天，献给母亲一份爱的礼物吧！如果你的母亲现在就在身边，请给她一个拥抱。

一、总流程图

 开始  准备素材 导入素材 弹出礼物盒和祝福语

信封内容弹出 ⬅ 弹出信封提示音 ⬅ 信封出场 单击礼物盒

二、准备素材

信封

花朵

礼物盒

母亲节背景

三、导入素材

角色

单击 ➤ ，添加新角色。

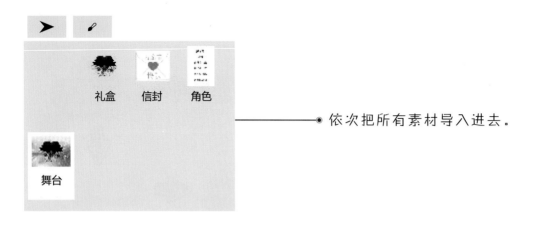

依次把所有素材导入进去。

对所有角色的名字进行修改，并把"允许拖动"前面的√勾选掉。

自定义信

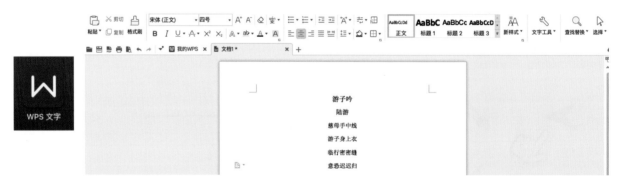

　　打开任意一个文档，新建一个空白文档，编辑信的内容，并对新内容截图，按照前面的方法导入素材和修改名字。

（一）任务图解

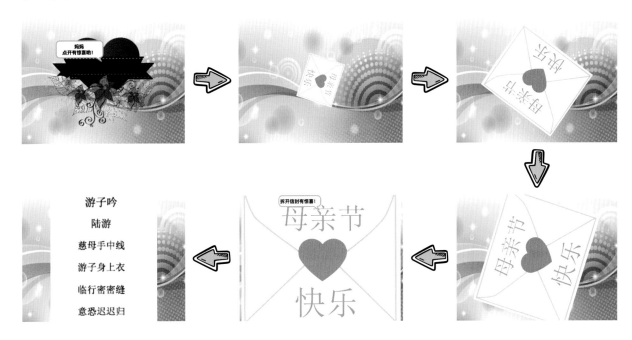

（二）礼物盒编程

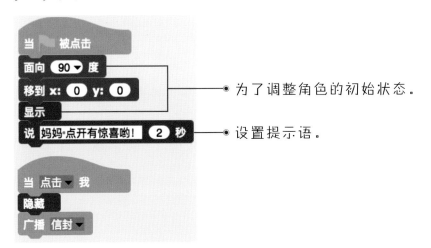

• 为了调整角色的初始状态。

• 设置提示语。

（三）信封编程

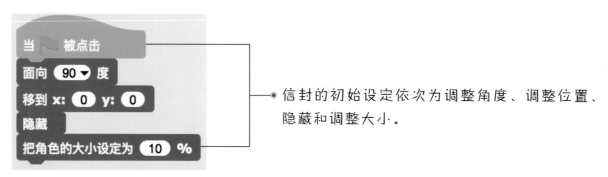

信封的初始设定依次为调整角度、调整位置、隐藏和调整大小。

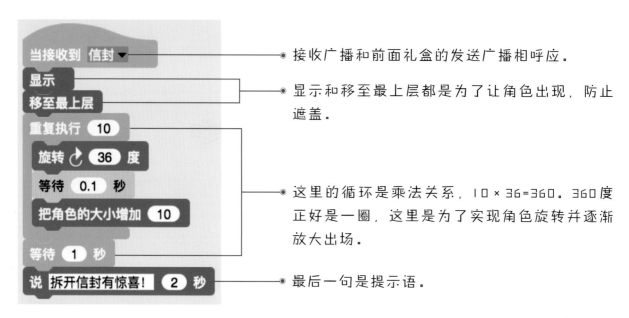

接收广播和前面礼盒的发送广播相呼应。

显示和移至最上层都是为了让角色出现，防止遮盖。

这里的循环是乘法关系，10×36=360。360度正好是一圈，这里是为了实现角色旋转并逐渐放大出场。

最后一句是提示语。

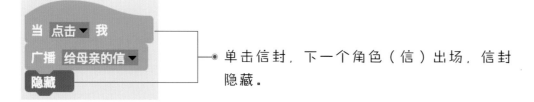

单击信封，下一个角色（信）出场，信封隐藏。

（四）信的编程

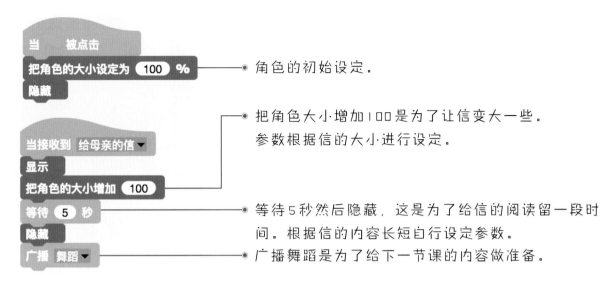

- 角色的初始设定。

- 把角色大小增加100是为了让信变大一些。参数根据信的大小进行设定。

- 等待5秒然后隐藏，这是为了给信的阅读留一段时间。根据信的内容长短自行设定参数。
- 广播舞蹈是为了给下一节课的内容做准备。

五、新模块认识

在自定义素材的时候，一般情况下要对角色的角度、位置、是否显示、大小进行初始设定，根据情况填写参数。

六、拓展训练

试着自己写一封发自内心、感情真挚的信吧，再试着把母亲的头像设定在礼物盒上，这将是你送给母亲的专属礼物哦！

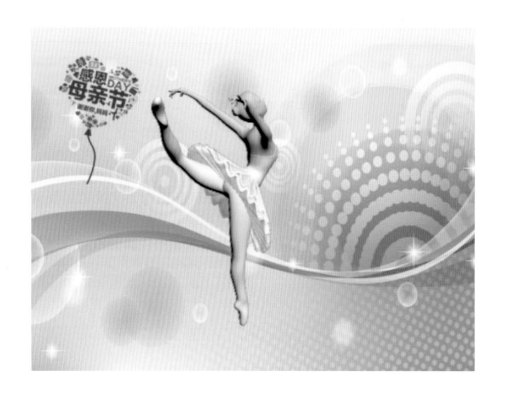

第9章　芭蕾舞

　　我们送给母亲的礼物是一款音乐盒，祝福她以后的生活中处处充满音乐，祝福她永远美丽！但一款音乐盒，没有音乐和舞蹈可不行。本章我们就来定制一款音乐盒。

开始

准备素材

导入素材

跳舞时
播放音乐

爱心闪烁

芭蕾舞

二、准备素材

给母亲的信.mp3　　母亲的爱

1　　2　　3　　4　　5

6　　7　　8　　9　　10

11　　12

图1~图12为芭蕾舞中抬起腿的图片。

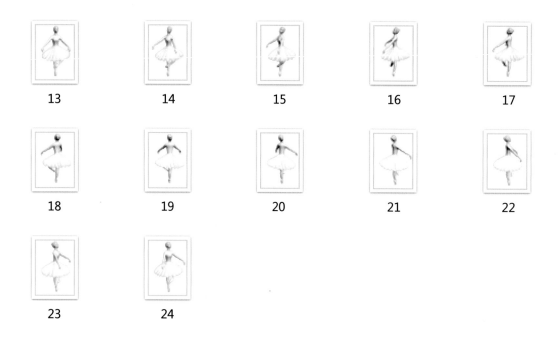

图 13~图 24 为芭蕾舞中未抬起腿的图片。

三、导入素材

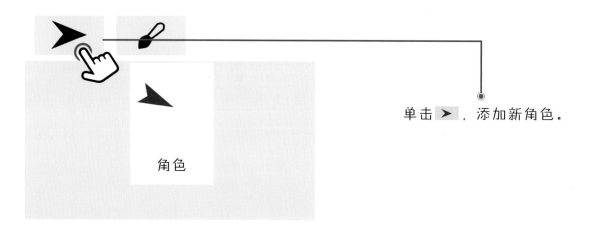

角色

单击 ➤ ，添加新角色。

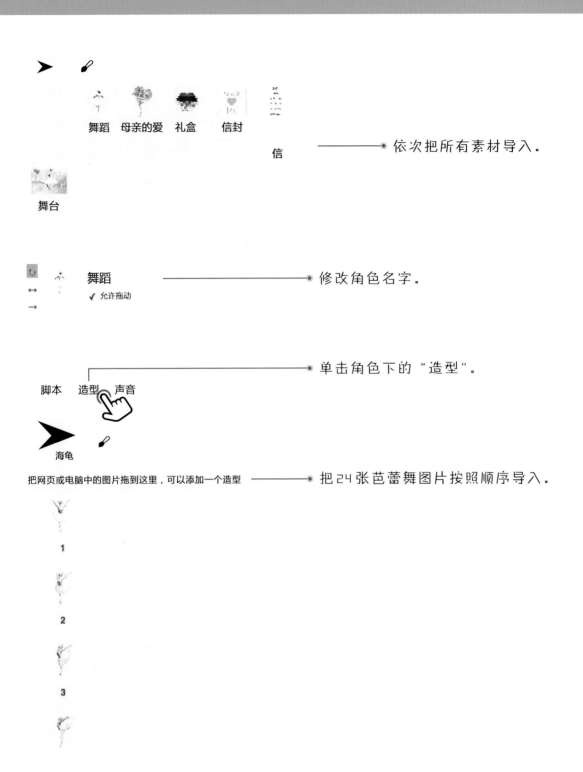

舞蹈　母亲的爱　礼盒　信封

信 ————————◦ 依次把所有素材导入。

舞台

舞蹈 ————————◦ 修改角色名字。

✓ 允许拖动

————————————◦ 单击角色下的"造型"。

脚本　造型　声音

海龟

把网页或电脑中的图片拖到这里，可以添加一个造型 ————◦ 把 24 张芭蕾舞图片按照顺序导入。

1

2

3

导入音乐

 舞台

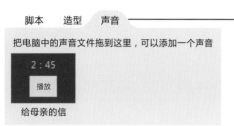

脚本　　造型　　声音 ————————————● 在舞台背景下添加声音模块。

把电脑中的声音文件拖到这里，可以添加一个声音

2 : 45

播放

给母亲的信

四、开始编程

（一）任务图解

（二）舞台程序

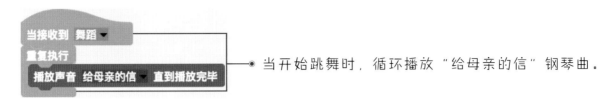

当开始跳舞时，循环播放 "给母亲的信" 钢琴曲。

（三）母亲的爱程序

初始状态
为隐藏。

当芭蕾舞开始时不断闪烁。
分析：不断代表循环。
闪烁代表显示→等待→隐藏。

（四）舞蹈程序

初始状态
为隐藏。

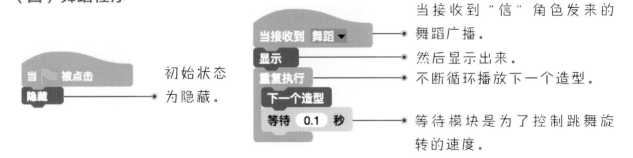

当接收到 "信" 角色发来的
舞蹈广播。
然后显示出来。
不断循环播放下一个造型。

等待模块是为了控制跳舞旋
转的速度。

五、拓展训练

试着为我们的跳舞场景添加更多特效，让音乐盒
看起来更漂亮。

扫码看视频

小时 16
分钟 58

第9章 看时间

在家庭中，除了母亲，还有一个不善表达，但也深爱着我们的人，那就是我们伟大的父亲。父亲总是忙忙碌碌，常常没有时间陪伴我们。我们理解父亲的辛苦，在父亲节来临时，做一块手表送给父亲，期盼父亲在工作的同时能抽出更多时间陪伴家人。

一、总流程图

 开始 ➡ 准备素材 ➡ 导入素材 ➡ 设置手表指针转动 ➡ 设置闹铃时间

二、准备素材

 背景

 表盘

分针

秒针

 时针

 闹铃开

 闹铃关

铃声.mp3

共有7张图片和1个闹铃
的铃声。

三、导入素材

单击 ➤ ，添加新角色。

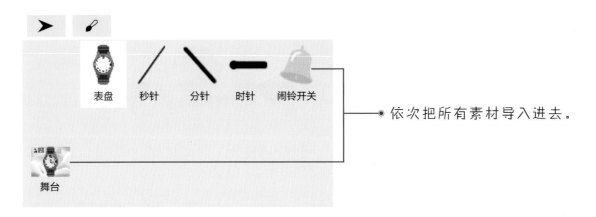

依次把所有素材导入进去。

依次修改角色名字，然后把"允许拖动"前面的√去掉。

脚本　造型　声音

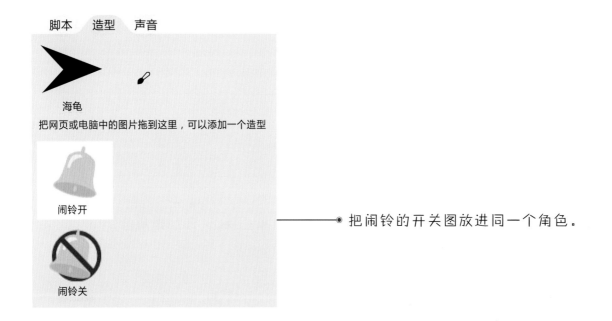

海龟

把网页或电脑中的图片拖到这里，可以添加一个造型

闹铃开

闹铃关

把闹铃的开关图放进同一个角色。

导入铃声

闹铃开关

允许拖动

→

脚本　　造型　　声音

把电脑中的声音文件拖到这里，可以添加一个声音

铃声

因为这是闹铃的铃声，所以把铃声放进"闹铃"角色里面。

四、开始编程

（一）任务图解

（二）指针设定

选中"秒针"角色。

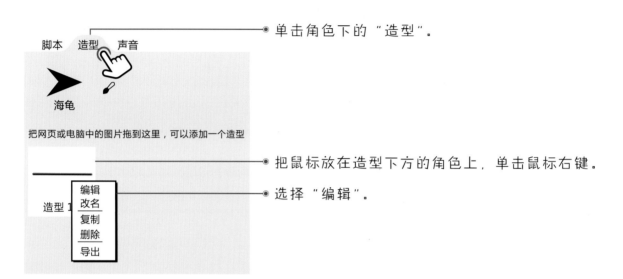

单击角色下的"造型"。

把鼠标放在造型下方的角色上，单击鼠标右键。

选择"编辑"。

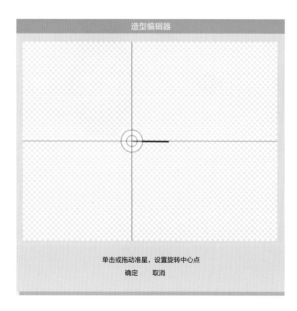

在默认情况下，角色的旋转中心点在角色的中心位置，所以本章要把旋转中心点设置在指针的最左边。（注意：两个同心圆指示的位置就是旋转中心点）对3个指针都做同样的操作。

时间与旋转角度分析

60秒	→	秒针转360度	→	每秒转6度
60分钟	→	分针转360度	→	每分钟转6度
12小时	→	时针转360度	→	每小时转30度

（三）秒针编程

根据前面的分析可以知道，只要拿到当前时间的秒数、分钟数和时针数，就能计算出各个指针所面向的角度。

（四）手表编程

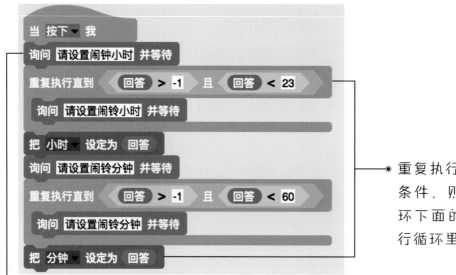

○ 重复执行直到【条件】。满足条件，则跳出循环，执行循环下面的内容；不满足则执行循环里面的内容。

○ 通过询问的方式设定闹铃时间。

小时的范围是【0~23】，分钟的范围是【0~59】，它们集合的逻辑是"且"的关系。这一段代码主要是为了循环判定输入的时间格式是否正确。如果不正确，将会让我们循环输入，不进行设定。

五、新模块认识

在探测分组的下方有【当前的日期】模块，单击日期后面的黑色倒三角，会出现很多选项供我们选择，我们可以得到所有与当前时间相关的数据。

六、拓展训练

试着加一个毫秒的指针表盘，让时间更精确一些。

第10章 定闹钟

　　通过第9章的学习，我们的手表已经能走动了，闹铃也能设置了，但我们并没有写闹铃相关的程序。而且，当闹铃响起时，我们需要把闹铃关闭，所以本章我们来完善闹铃的功能。

一、总流程图

开始 ➡ 闹铃响 ➡ 闹铃开关

二、开始编程

闹铃编程

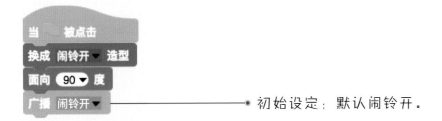

● 初始设定：默认闹铃开。

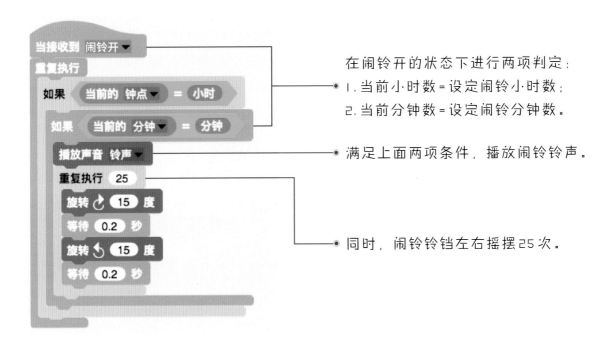

● 在闹铃开的状态下进行两项判定：
1. 当前小时数＝设定闹铃小时数；
2. 当前分钟数＝设定闹铃分钟数。

● 满足上面两项条件，播放闹铃铃声。

● 同时，闹铃铃铛左右摇摆25次。

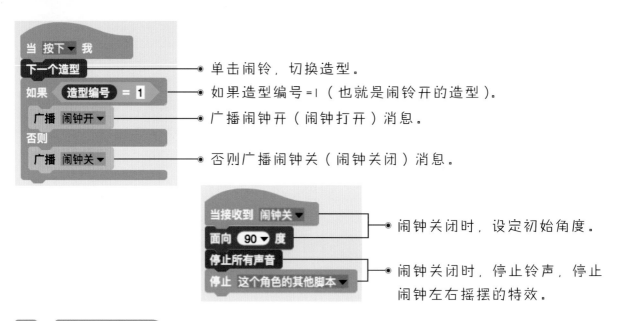

单击闹铃，切换造型。

如果造型编号 =1（也就是闹铃开的造型）。

广播闹钟开（闹钟打开）消息。

否则广播闹钟关（闹钟关闭）消息。

闹钟关闭时，设定初始角度。

闹钟关闭时，停止铃声，停止闹钟左右摇摆的特效。

三、新模块认识

闹铃开关

允许拖动

脚本　造型　声音

海龟

把网页或电脑中的图片拖到这里，可以添加一个造型

闹铃开

闹铃关

闹铃造型有3个，"海龟"默认角色造型、"闹铃开"造型、"闹铃关"造型，造型编号默认是从0开始的，然后按照顺序，每次加1，比如这里从上到下依次是0、1、2。

造型编号

通过这个程序模块，可以得到角色下某个造型对应的造型编号。

手表的一些基本功能已经实现了，除了已实现的这些功能，我们的手表还有哪些功能可以实现呢？

试着为我们的手表添加一个秒表计时器的功能吧！

扫码看视频

第11章　嫦娥下凡

　　相传，远古时代有10个太阳，万物衰败，英雄后羿射下9个太阳，拯救苍生。后羿因功从王母娘娘手中求得一包不死仙药，此药服用后能成仙并长生不老。后羿不舍妻子嫦娥，将仙药留给嫦娥保存。有一天，后羿那心术不正的弟子蓬蒙趁后羿不在，威逼嫦娥交出仙药。危急之时，嫦娥一口吞下仙药，立时成仙，飘离地面、冲出窗口、飞天而去。由于嫦娥牵挂丈夫，便飞落到离人间最近的月亮上，永驻广寒宫。

一、总流程图

开始 准备素材 导入素材 导入音乐

月饼弹起、下落和滚动 月饼随机下落 月饼变多 嫦娥飘落

二、准备素材

嫦娥1

嫦娥2

嫦娥3

月饼1

月饼2

背景音乐.mp3

背景

三、导入素材

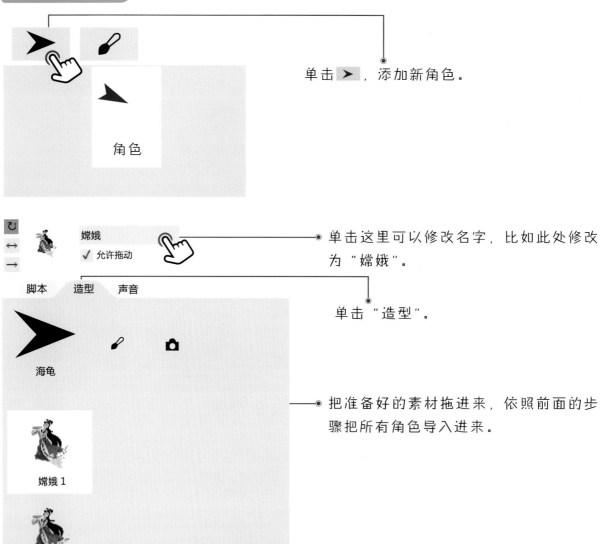

单击 ➤，添加新角色。

单击这里可以修改名字，比如此处修改为"嫦娥"。

单击"造型"。

把准备好的素材拖进来，依照前面的步骤把所有角色导入进来。

嫦娥　　月饼　　嫦娥（2）　嫦娥（3）

舞台

————————————————————————————————● 选中"舞台"。

 舞台

脚本　　背景　　声音 ————————————————● 单击"声音"。

把电脑中的声音文件拖到这里，可以添加一个声音

———————————————● 把准备好的声音文件拖进来，可以单
击"播放"进行试听。

3：34

播放

背景音

（一）任务图解

● 3个嫦娥从空中飘落（3个嫦娥保持在不同位置），以不同的角色大小，实现距离的远近效果。

● 多个月饼下落到随机位置，实现弹起、下落、滚动效果。

（二）舞台编程

● 这个编程可在任意一个角色内编写，但是这个音乐归为背景音乐，按照编程习惯，背景音乐一般编写在舞台下方。

（三）嫦娥1编程

出现并移到初始位置，通过时间可以控制角色速度，通过坐标值控制角色的最终目的地。

不断切换造型，实现裙摆飘动的动画。

（四）嫦娥2编程

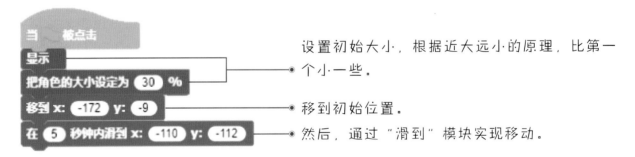

设置初始大小，根据近大远小的原理，比第一个小一些。

移到初始位置。

然后，通过"滑到"模块实现移动。

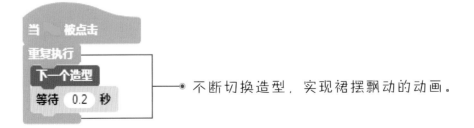

不断切换造型，实现裙摆飘动的动画。

（五）月饼编程

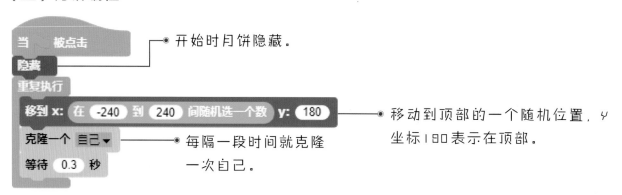

当 被点击
隐藏 ● 开始时月饼隐藏。
重复执行
移到 x: 在 -240 到 240 间随机选一个数 y: 180 ● 移动到顶部的一个随机位置，y 坐标180表示在顶部。
克隆一个 自己▼ ● 每隔一段时间就克隆一次自己。
等待 0.3 秒

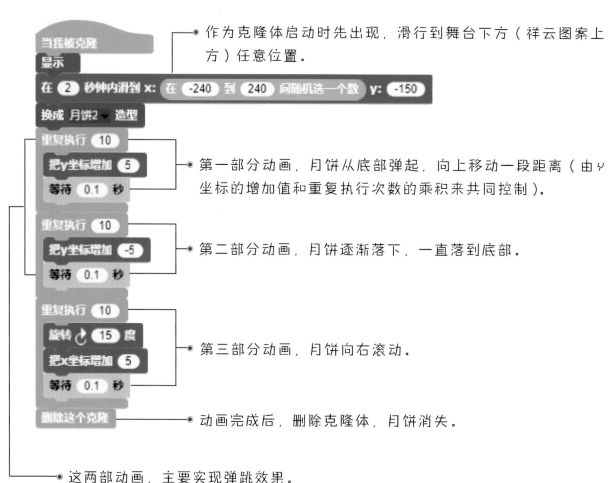

当我被克隆 ● 作为克隆体启动时先出现，滑行到舞台下方（祥云图案上方）任意位置。
显示
在 2 秒钟内滑到 x: 在 -240 到 240 间随机选一个数 y: -150
换成 月饼2▼ 造型
重复执行 10
把y坐标增加 5 ● 第一部分动画，月饼从底部弹起，向上移动一段距离（由y坐标的增加值和重复执行次数的乘积来共同控制）。
等待 0.1 秒
重复执行 10
把y坐标增加 -5 ● 第二部分动画，月饼逐渐落下，一直落到底部。
等待 0.1 秒
重复执行 10
旋转 ↻ 15 度
把x坐标增加 5 ● 第三部分动画，月饼向右滚动。
等待 0.1 秒
删除这个克隆 ● 动画完成后，删除克隆体，月饼消失。

● 这两部动画，主要实现弹跳效果。

五、编程思想

通过划分详细的动作步骤，模拟角色的真实下落效果，比如本章的月饼。

1. 从天空下落；

2. 变换成立起来的月饼造型；

3. 弹起一小段距离；

4. 下落和弹起相同的距离；

5. 滚动一小段距离后消失。

如果是非常有弹性的小球，还要模拟每次弹跳距离逐渐缩短的效果。

六、拓展训练

中秋节除了吃月饼，你还想吃些什么呢？试着让不同的食物从天而降，制作更有趣的动画吧！

第12章　送月饼

　　月饼是我国久负盛名的传统糕点之一，中秋节节日食俗。月饼圆又圆，适合合家分吃，象征着团圆和睦。古代，月饼作为祭品于中秋节所食。据说，中秋节吃月饼的习俗始于唐朝；北宋时在宫廷内流行，后流传到民间，当时俗称"小饼"和"月团"；发展至明朝则成为全民的饮食习俗。月饼与各地饮食习俗相融合，发展出广式、京式、苏式、潮式、滇式月饼，被广大人民群众所喜爱。

一、总流程图

开始 准备素材 导入素材 嫦娥下凡到消失 月饼下落到消失

 变换背景

月饼跳舞 显示标题 变换背景

二、准备素材

舞蹈 1

舞蹈 2

舞蹈 3

舞蹈 4

舞蹈 5

舞蹈 6

舞蹈 7

舞蹈 8

舞蹈 9

舞蹈 10

舞蹈 11

舞蹈 12

中秋节快乐

背景 1

背景 2

背景 3

背景 4

三、导入素材

单击 ➤，添加新角色。

单击这里可以修改名字，比如此处修改为"月饼"。

单击"造型"。

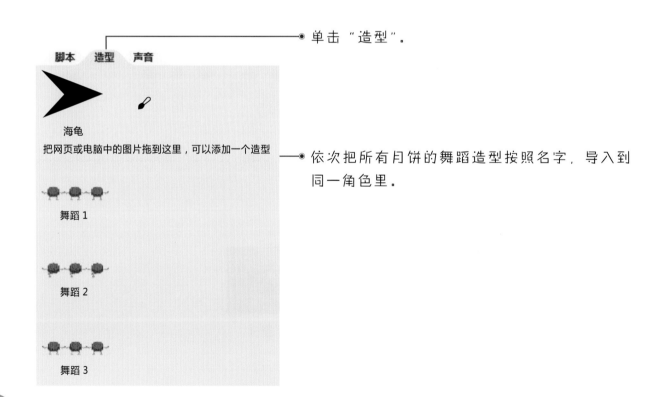

依次把所有月饼的舞蹈造型按照名字，导入到同一角色里。

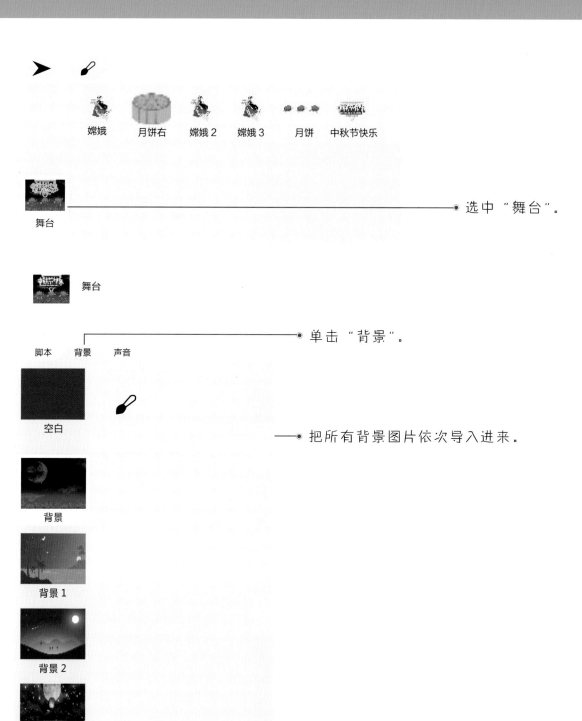

嫦娥　　月饼右　　嫦娥2　　嫦娥3　　月饼　　中秋节快乐

舞台 ————————————————————●　选中〝舞台〞。

舞台

　　　　　　　　　　　　　　　　　　●　单击〝背景〞。

脚本　　背景　　声音

空白

————●　把所有背景图片依次导入进来。

背景

背景1

背景2

背景3

四、开始编程

（一）任务图解

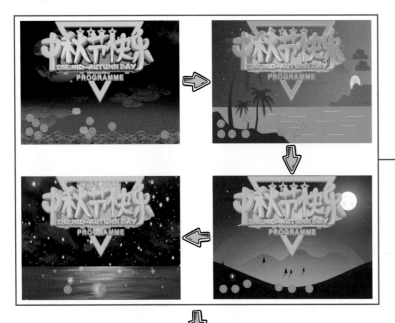

● 嫦娥隐藏。月饼也逐渐消失，中秋节快乐出现，并不断地变换颜色。

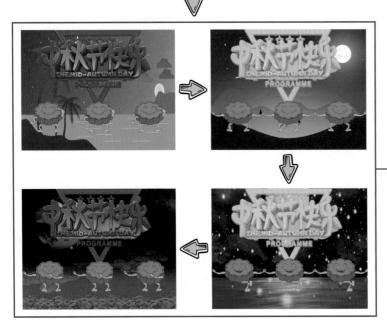

● 跳舞的月饼显示，开始舞蹈，并不断切换背景。

（二）嫦娥编程

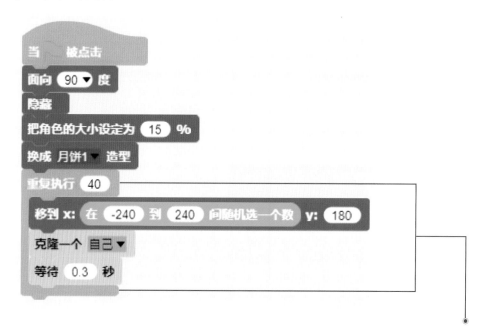

当 被点击
显示
把角色的大小设定为 50 %
移到 x: -115 y: 65
在 5 秒钟内滑到 x: 0 y: -95
等待 9 秒
隐藏

● 等待一段时间后隐藏，为月饼跳舞清除场地。

（三）月饼编程

当 被点击
面向 90 ▼ 度
隐藏
把角色的大小设定为 15 %
换成 月饼1 ▼ 造型
重复执行 40
　移到 x: 在 -240 到 240 间随机选一个数 y: 180
　克隆一个 自己 ▼
　等待 0.3 秒

● 将重复执行改为重复执行40次，这样月饼飘落一段时间后就会结束，不会干扰我们后续的动画。

（四）舞台编程

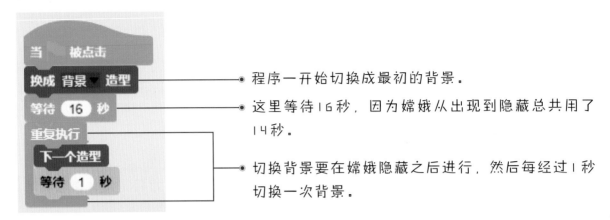

程序一开始切换成最初的背景。

这里等待16秒，因为嫦娥从出现到隐藏总共用了14秒。

切换背景要在嫦娥隐藏之后进行，然后每经过1秒切换一次背景。

（五）标题编程

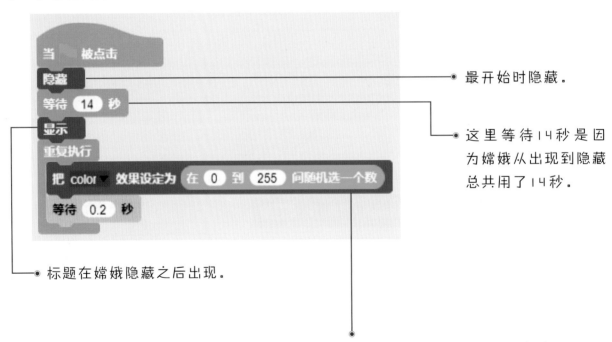

最开始时隐藏。

这里等待14秒是因为嫦娥从出现到隐藏总共用了14秒。

标题在嫦娥隐藏之后出现。

显示之后每过一段时间，就切换颜色特性，让标题闪动起来。

（六）月饼舞蹈编程

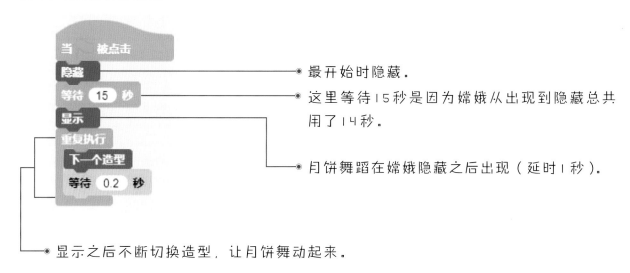

最开始时隐藏。

这里等待15秒是因为嫦娥从出现到隐藏总共用了14秒。

月饼舞蹈在嫦娥隐藏之后出现（延时1秒）。

显示之后不断切换造型，让月饼舞动起来。

五、拓展训练

中秋佳节，在我们的舞蹈中加入其他小伙伴，一起来跳舞吧！

扫码看视频

第13章　贺卡

　　圣诞节是西方传统节日，人们为庆祝耶稣的降生，将每年12月25日定为圣诞节。

一、总流程图

开始 → 准备素材 → 导入素材 → 导入音乐 → 箭头编程

雪花编程 ← 祝福语编程 ← 圣诞树编程 ← 封面角色编程 ← 舞台编程

二、准备素材

Merry

Christmas

箭头1

箭头2

背景1

背景2

背景3

背景4

圣诞树1

圣诞树2

雪花

封面

"铃儿响叮当" .mp3

三、导入素材

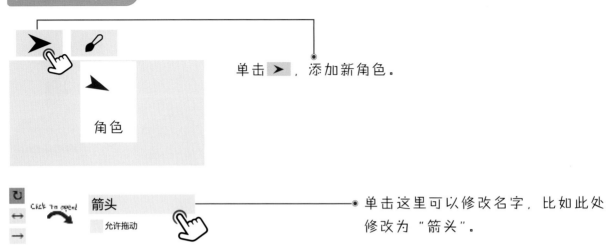

单击 ➤ ，添加新角色。

单击这里可以修改名字，比如此处
修改为"箭头"。

单击"背景"。

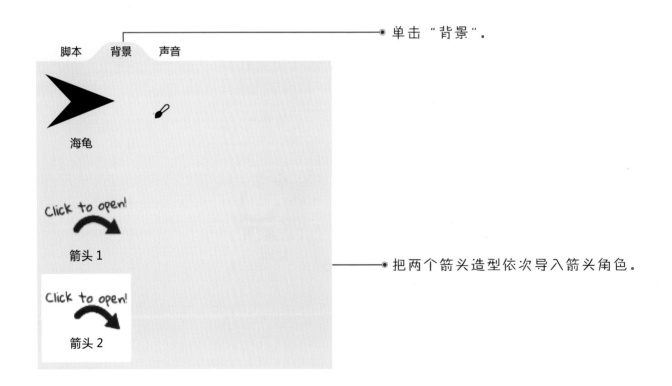

把两个箭头造型依次导入箭头角色。

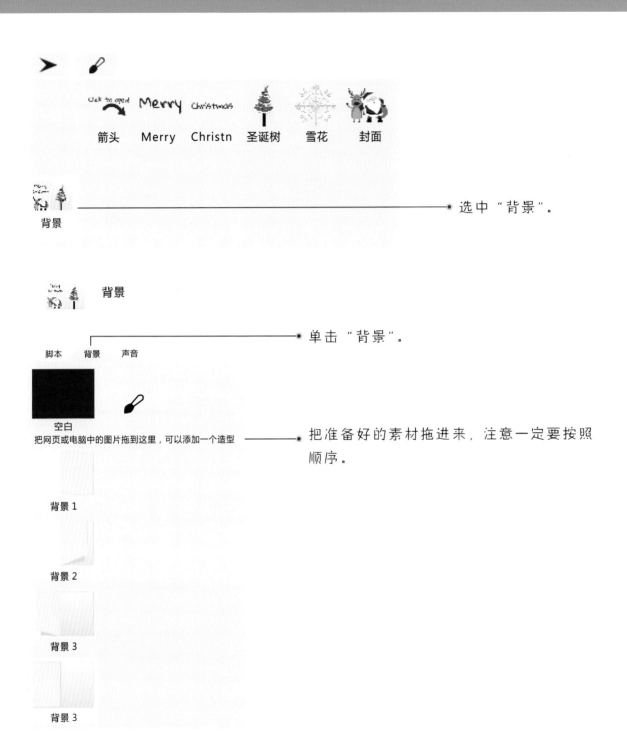

箭头　Merry　Christn　圣诞树　雪花　封面

背景

选中"背景"。

背景

脚本　背景　声音

空白

把网页或电脑中的图片拖到这里，可以添加一个造型

单击"背景"。

把准备好的素材拖进来，注意一定要按照顺序。

背景 1

背景 2

背景 3

背景 3

箭头　　Merry　Christn　圣诞树　　雪花　　封面

背景

●————— 选中"背景"。

 背景

脚本　　背景　　声音 ●————— 单击"声音"。

把电脑中的声音文件拖到这里,可以添加一个声音

●————— 把准备好的声音导入。

0：38

播放

"铃儿响叮当"

（一）任务图解

单击绿旗，贺卡出现。

单击开始箭头，贺卡打开，音乐开始播放，同时有雪花不断飘落。

圣诞快乐的文字动画出现。

（二）箭头编程

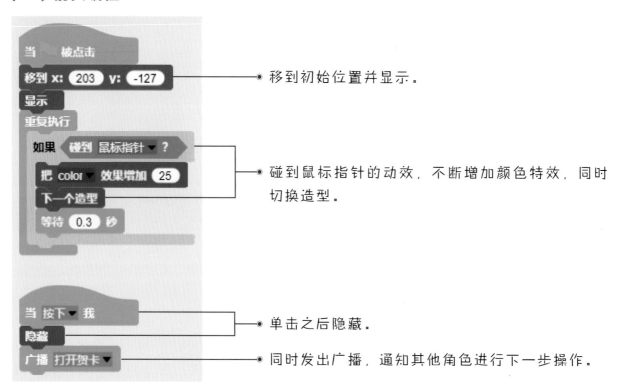

当 ▮ 被点击
移到 x: (203) y: (-127) ————————● 移到初始位置并显示。
显示
重复执行
　如果 〈碰到 鼠标指针 ▾ ?〉
　　把 color ▾ 效果增加 (25)　　　　● 碰到鼠标指针的动效，不断增加颜色特效，同时
　　下一个造型　　　　　　　　　　　　切换造型。
　等待 (0.3) 秒

当 按下 ▾ 我 ————————————————● 单击之后隐藏。
隐藏
广播 打开贺卡 ▾ ————————————————● 同时发出广播，通知其他角色进行下一步操作。

（三）舞台编程

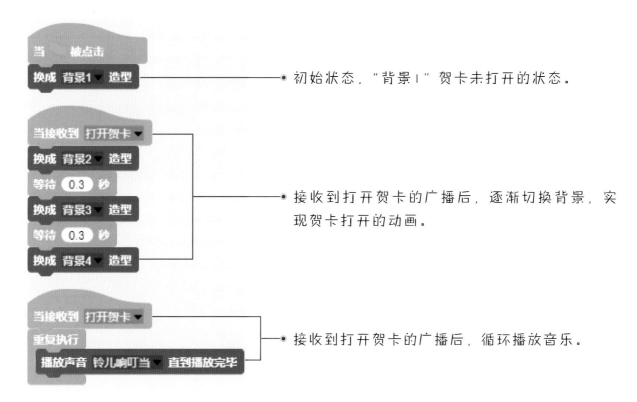

初始状态，"背景1"贺卡未打开的状态。

接收到打开贺卡的广播后，逐渐切换背景，实现贺卡打开的动画。

接收到打开贺卡的广播后，循环播放音乐。

（四）封面角色编程

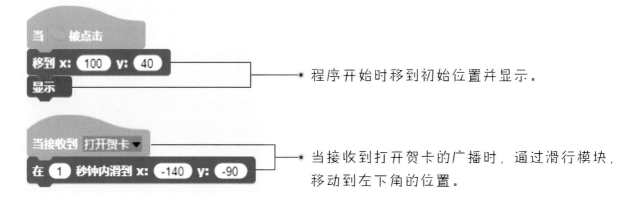

程序开始时移到初始位置并显示。

当接收到打开贺卡的广播时，通过滑行模块，移动到左下角的位置。

（五）圣诞树编程

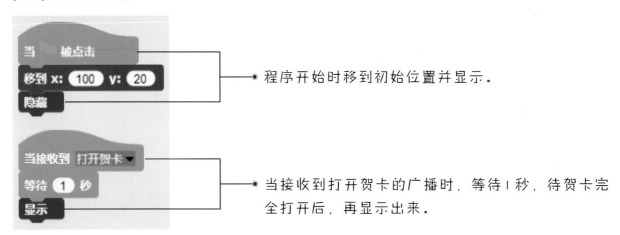

程序开始时移到初始位置并显示。

当接收到打开贺卡的广播时，等待I秒，待贺卡完全打开后，再显示出来。

（六）祝福语1编程

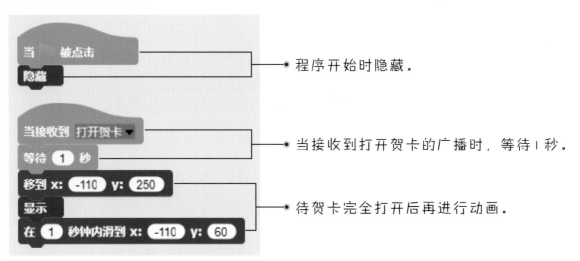

程序开始时隐藏。

当接收到打开贺卡的广播时，等待I秒。

待贺卡完全打开后再进行动画。

（七）祝福语2编程

与祝福语1的编程基本相同。

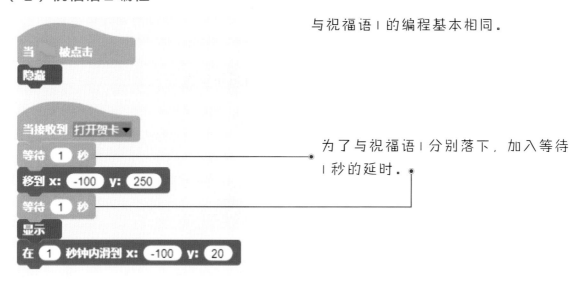

为了与祝福语1分别落下，加入等待1秒的延时。

（八）雪花编程

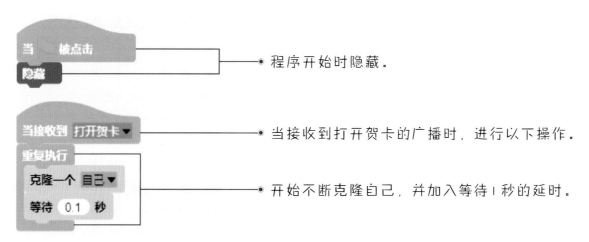

程序开始时隐藏。

当接收到打开贺卡的广播时，进行以下操作。

开始不断克隆自己，并加入等待1秒的延时。

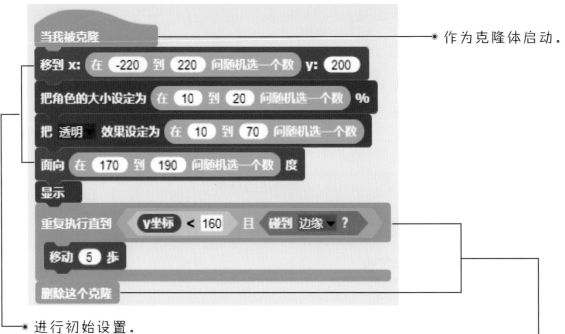

◦ 作为克隆体启动。

◦ 进行初始设置。

分别设置初始位置、大小、透明效果、面向的方向。

面向180度是正下方，170～190度方向可以实现雪花向下随机左右飘动。

当y坐标小于160，说明雪花远离最顶端的边缘，此时碰到其他边缘时，说明雪花将要飞出舞台，将雪花删除。

五、编程思想

实现角色随机下落的两种方法：

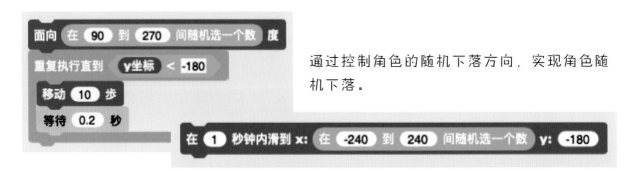

通过控制角色的随机下落方向，实现角色随机下落。

通过控制角色的随机下落地点，实现角色随机下落。

圣诞节到了，让我们在贺卡上写下对亲人的祝福，并让你的祝福动起来！

第14章 圣诞礼物

　　传说每到12月24日晚上，就会有个神秘人，驾着由9只驯鹿拉的雪橇在天上飞翔，然后挨家挨户地从烟囱进入屋里，偷偷把礼物放在好孩子床头的袜子里，或者堆在壁炉旁的圣诞树下。这位神秘人通常被描述成头戴红色帽子，留着大大的白色胡子，一身红色棉衣，脚穿红色靴子的老人，因为他总在圣诞节前夜拿着装有礼物的大袋子派发礼物，所以人们习惯地称他为"圣诞老人"。

一、总流程图

 开始  准备素材 导入素材 摇动圣诞树 礼物落下

二、准备素材

礼物

三、导入素材

角色

单击 ➤，添加新角色。

单击这里可以修改名字，比如此处修改为"礼物"。

单击"造型"。

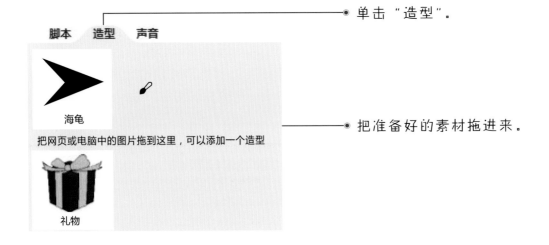

把准备好的素材拖进来。

四、开始编程

（一）任务图解

用鼠标单击圣诞树，圣诞树就会开始摇晃，在不断的摇晃过程中会有礼物盒不断地从圣诞树上落下来。摇晃得越久，礼物就会越多。

（二）圣诞树编程

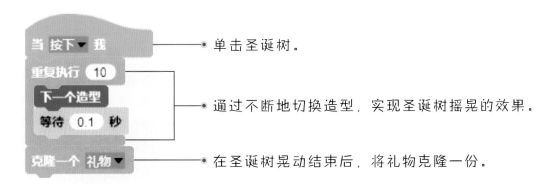

● 单击圣诞树。

● 通过不断地切换造型，实现圣诞树摇晃的效果。

● 在圣诞树晃动结束后，将礼物克隆一份。

（三）礼物编程

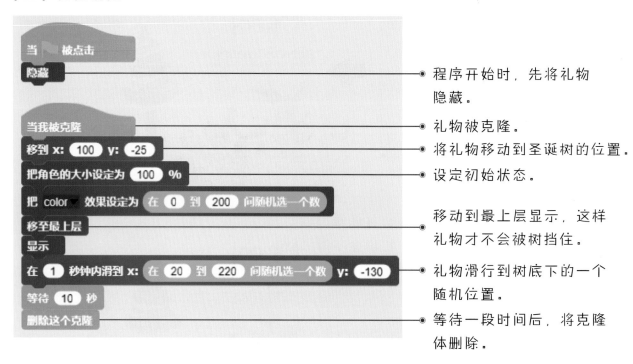

当 被点击
隐藏 → 程序开始时，先将礼物隐藏。

当我被克隆 → 礼物被克隆。
移到 x: 100 y: -25 → 将礼物移动到圣诞树的位置。
把角色的大小设定为 100 % → 设定初始状态。
把 color 效果设定为 在 0 到 200 间随机选一个数
移至最上层 → 移动到最上层显示，这样礼物才不会被树挡住。
显示
在 1 秒钟内滑到 x: 在 20 到 220 间随机选一个数 y: -130 → 礼物滑行到树底下的一个随机位置。
等待 10 秒
删除这个克隆 → 等待一段时间后，将克隆体删除。

五、拓展训练

圣诞节到了，你有没有给爸爸妈妈准备礼物呢？快来完善我们的作品，并把我们的作品作为礼物送给爸爸妈妈吧！

扫码看视频

第15章　搞怪礼物1

　　每年公历4月1日是愚人节，这是从19世纪开始在西方流行起来的民间节日，并未被任何国家认定为法定节日。在这一天，人们会以各种方式互相欺骗、捉弄及取笑，玩笑往往在最后才被揭穿。如果个别玩笑开得过大，很可能会引起人们的恐慌哦！

一、总流程图

开始 → 准备素材 → 导入素材 → 单击礼盒，盒子晃动 → 盒子逐渐打开 → 冒出心形

二、准备素材

1 2 3 4 5 6

背景

礼盒背景

心

三、导入素材

角色

单击 ➤，添加新角色。

单击这里可以修改名字，比如此处修改为
"礼盒"。

单击"背景"。

把准备好的素材拖进来。依照前面的步骤把
所有角色导入进来。

舞台 ────────────────● 选中“舞台”。

脚本　背景　声音 ────────────────● 单击“声音”。

把电脑中的声音文件拖到这里，可以添加一个声音

0：08
播放

愚人节前奏 ────────────────● 把准备好的素材拖进来。

四、开始编程

（一）任务图解

单击礼盒，盒子先晃动然后打开。随后，盒子中冒出很多心，逐渐散开后消失。

（二）礼盒编程

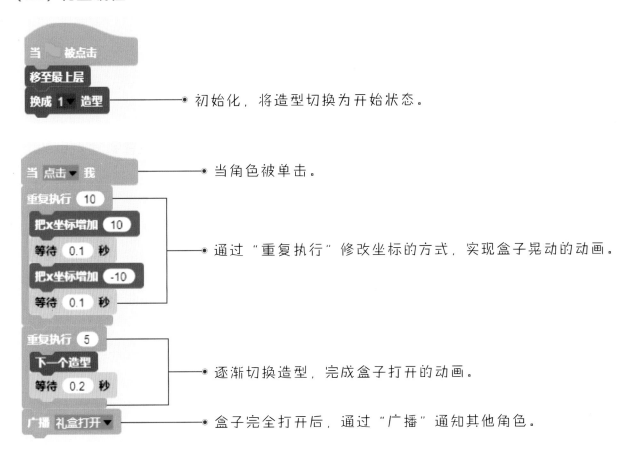

初始化，将造型切换为开始状态。

当角色被单击。

通过"重复执行"修改坐标的方式，实现盒子晃动的动画。

逐渐切换造型，完成盒子打开的动画。

盒子完全打开后，通过"广播"通知其他角色。

（三）心形编程

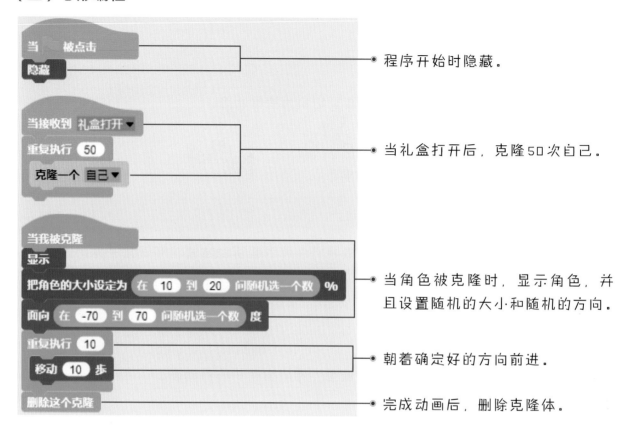

程序开始时隐藏。

当礼盒打开后，克隆50次自己。

当角色被克隆时，显示角色，并且设置随机的大小和随机的方向。

朝着确定好的方向前进。

完成动画后，删除克隆体。

（四）舞台编程

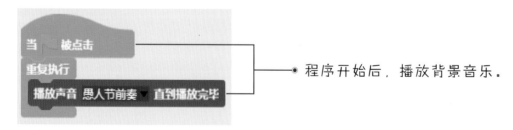

程序开始后，播放背景音乐。

五、拓展训练

　　愚人节的礼物盒准备好了，接下来就是准备礼物的阶段啦，小朋友，你想在我们的礼物盒中放入什么礼物呢？试着来编写一下吧！

第16章 搞怪礼物2

在愚人节，我们喜欢开玩笑，捉弄别人。你们都有什么捉弄人的方法呢？本章就让我们来做一个搞怪礼物，看看能不能吓到别人吧！

一、总流程图

 开始 准备素材 导入素材 单击盒子，盒子晃动 盒子逐渐打开

礼物弹出 冒出心形

二、准备素材

拳头

小丑

小熊

幽灵

足球

三、导入素材

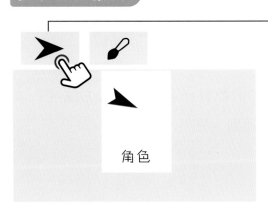

角色

单击 ➤ ，添加新角色。

114

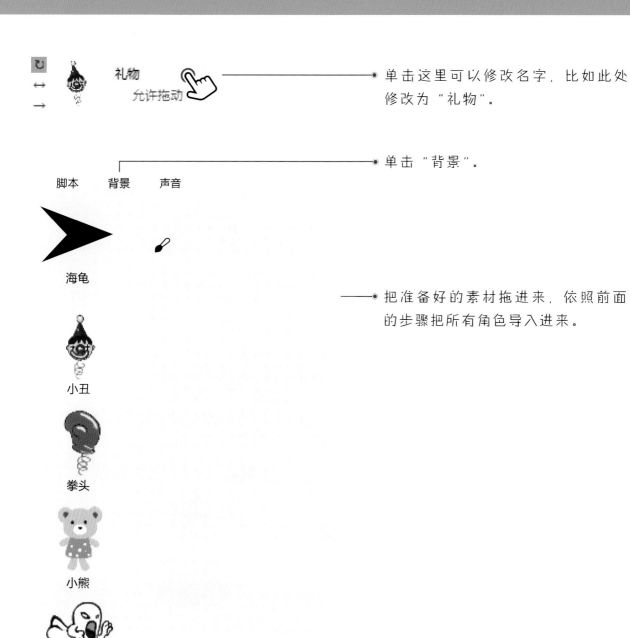

礼物　　允许拖动

单击这里可以修改名字，比如此处修改为“礼物”。

脚本　　背景　　声音

单击“背景”。

海龟

把准备好的素材拖进来，依照前面的步骤把所有角色导入进来。

小丑

拳头

小熊

幽灵

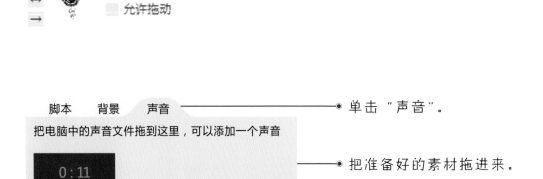

● 选中"礼物"。

脚本　　背景　　**声音**

把电脑中的声音文件拖到这里，可以添加一个声音

0:11

播放

小丑笑声

● 单击"声音"。

● 把准备好的素材拖进来。

四、开始编程

（一）任务图解

盒子打开后，触发礼物的程序，礼物出现。

（二）礼盒编程

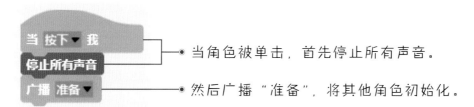

当角色被单击，首先停止所有声音。

然后广播"准备"，将其他角色初始化。

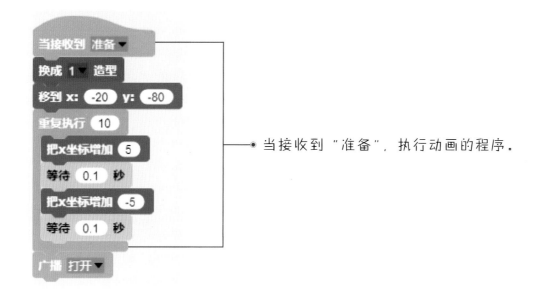

当接收到"准备"，执行动画的程序。

（三）礼盒背景编程

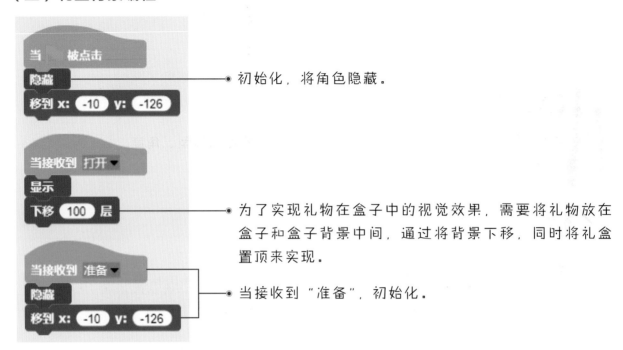

初始化，将角色隐藏。

为了实现礼物在盒子中的视觉效果，需要将礼物放在盒子和盒子背景中间，通过将背景下移，同时将礼盒置顶来实现。

当接收到"准备"，初始化。

（四）礼物编程

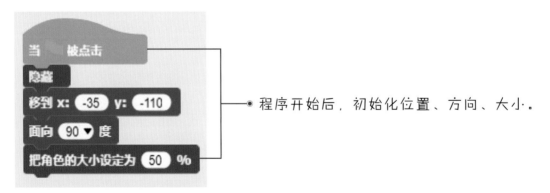

程序开始后，初始化位置、方向、大小。

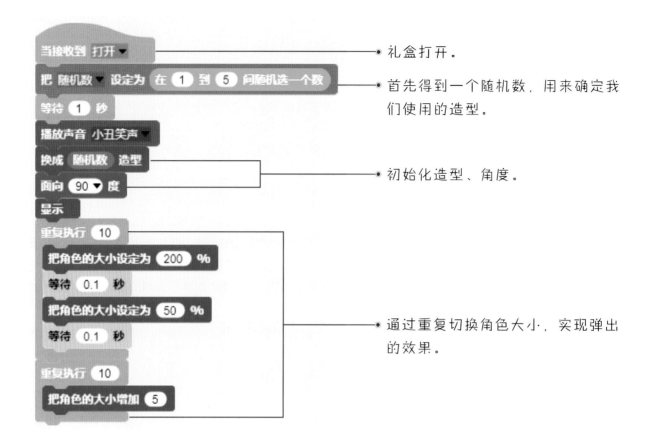

当接收到 打开 ▾ —————————————————● 礼盒打开。

把 随机数 ▾ 设定为 在 1 到 5 间随机选一个数 ——● 首先得到一个随机数，用来确定我
们使用的造型。

等待 1 秒

播放声音 小丑笑声 ▾

换成 随机数 造型 ————————————● 初始化造型、角度。

面向 90 ▾ 度

显示

重复执行 10

　把角色的大小设定为 200 %

　等待 0.1 秒

　把角色的大小设定为 50 % ——————● 通过重复切换角色大小，实现弹出
的效果。

　等待 0.1 秒

重复执行 10

　把角色的大小增加 5

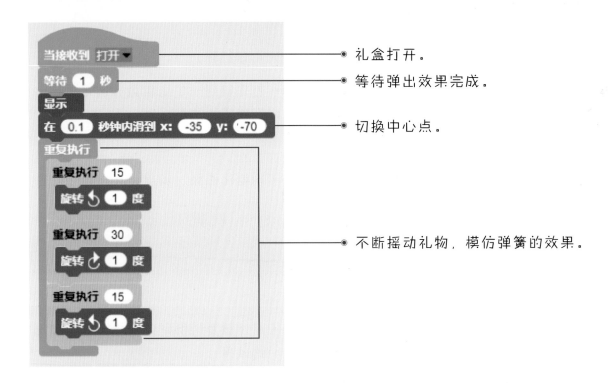

礼盒打开。

等待弹出效果完成。

切换中心点。

不断摇动礼物，模仿弹簧的效果。

五、拓展训练

我们的礼物盒已经完成了，你还能想到什么好玩的愚人节把戏呢？试着用 Scratch来实现吧！

扫码看视频